U0645975

自然地理综合实习教程

青藏高原北缘及河西走廊地区

主　编　朱国锋
副主编　张志刚　孙维君　石培宏

清华大学出版社
北京

内 容 简 介

本书是一本针对青藏高原北缘及河西走廊地区的实习指导教材,主要内容包括自然地理野外综合实习概述和青藏高原北缘及祁连山河西走廊概况、实习区划分与实习指导、实习设计与实习分区、实习信息化四个部分,旨在通过具体的实习案例帮助学生了解和掌握自然地理学基本理论和研究方法。同时,还提供了大量的监测和观测案例,以帮助学生更好地掌握实地考察、数据采集和实验操作的方法和流程。

本书作为高校本科生和研究生自然地理学及相关课程的实习指导教材,既可与主教材配套使用,也可单独作为实习教材。另外,本书也可作为中小学研学辅助参考资料。

版权所有,侵权必究。举报:010-62782989,beiqinquan@tup.tsinghua.edu.cn。

图书在版编目（CIP）数据

自然地理综合实习教程：青藏高原北缘及河西走廊地区 / 朱国锋主编. -- 北京 ：清华大学出版社，2025. 5. -- ISBN 978-7-302-69110-5

Ⅰ. P942-45

中国国家版本馆 CIP 数据核字第 2025QL1089 号

责任编辑：王向珍
封面设计：陈国熙
责任校对：薄军霞
责任印制：沈　露

出版发行：清华大学出版社
　　　网　　　址：https://www.tup.com.cn，https://www.wqxuetang.com
　　　地　　　址：北京清华大学学研大厦 A 座　　　邮　　　编：100084
　　　社 总 机：010-83470000　　　邮　　　购：010-62786544
　　　投稿与读者服务：010-62776969，c-service@tup.tsinghua.edu.cn
　　　质量反馈：010-62772015，zhiliang@tup.tsinghua.edu.cn
印 装 者：大厂回族自治县彩虹印刷有限公司
经　　　销：全国新华书店
开　　　本：185mm×260mm　　　印　张：12　　　字　　　数：290 千字
版　　　次：2025 年 6 月第 1 版　　　印　　　次：2025 年 6 月第 1 次印刷
定　　　价：45.00 元

产品编号：095418-01

序

FOREWORD

20世纪50年代以来,自然地理学逐步朝着多学科综合交叉、多时空尺度耦合、服务社会和经济建设的方向发展。在学科发展过程中,既要继承传统自然地理学研究的综合性、地域性思想,又要注重多学科研究方法的引进与相关学科的交叉融合。然而,综合性和交叉性强的学科必然存在知识体系庞大、逻辑梳理难度大等问题,因此在教学过程中有必要依赖高质量的野外实习来使知识具体化和清晰化。

自然地理学的学科性质决定了地理科学类相关专业野外实习对地理教学过程的重要性,从学科性质和学科发展趋势看,野外实习教学应该始终贯穿在自然地理教学中。通过理论联系实际的教学模式加深学生对自然地理学基础知识的理解和掌握,帮助学生掌握自然地理常规的野外观测方法,培养学生观察问题、分析问题和解决问题的能力,提升学生的实践能力和创新思维。与课堂学习相比,自然地理学野外实习是一种更为生动和具体的学习方式,是培养学生理论联系实际、训练其实践创新能力的重要环节,因此,自然地理野外综合实习是切实加强野外实习工作和培养高质量、具有创新精神和实践能力人才的重要途径。

由于自然地理学的地域性特征和各学校实践教学的历史传统,不同高校在各自的传统实习区域已经建立起较为稳定的实习基地,形成了相对成熟的实习模式。目前我国东南、东北、西南、中部地区都已有较为成熟的自然地理野外综合实习教程。西北地区自然地理要素全面、丰富且极具独特性,一直以来是西北地区各高校地理学相关专业的传统实习区,同时南京大学、北京师范大学、南京师范大学、山东师范大学、华中师范大学、山西师范大学等中东部高校也将我国西北地区作为重要的扩展实习区域。因此,编写西北地区自然地理典型实习区的实习教程势在必行。

朱国锋等主编的《自然地理综合实习教程——青藏高原北缘及河西走廊地区》为青藏高原北缘及河西走廊地区的综合性实习教程,内容丰富、结构条理清晰,包括自然地理野外综合实习概述和青藏高原北缘及祁连山河西走廊概况、实习区划分与实习指导、实习设计与实习分区、实习信息化等主要方面,内容涵盖地质、地貌、气象、水文、植被、土壤等地理要素,是一本系统且完整的自然地理学综合实习教材,可为我国西北地区开展自然地理野外综合实习教学提供有效的参考。当然,教材建设绝不是一蹴而就的工作,希望作者及其团队能在后续再版过程中不断提升教材质量,为地理学人才培养创造更好的条件,促进西部地理学人才的不断涌现,推动西部地理学教育事业不断发展。

秦大河

2024 年 12 月

前　言
PREFACE

青藏高原北缘及河西走廊地区地貌类型多样，地质构造类型齐全，气候、水文、植被和土壤类型丰富且典型，多民族聚居的人口分布结构和农牧业并存的农业经济模式造就了该地区独特的区域地理文化。无论从自然地理要素还是人文地理环境来看，青藏高原北缘及河西走廊地区的实习内容都具有典型性和多元化的特点，是开展自然地理野外综合实习的理想区域。因此，此地区一直以来是西北各高校地理科学等相关专业的传统实习区，同时南京大学、北京师范大学、南京师范大学、山东师范大学、华中师范大学、山西师范大学等中东部高校也将我国西北地区作为主要实习区域之一。经过和多所兄弟院校自然地理学野外综合实习负责教师交流后，作者合编了本书。

本书共分为 4 篇，第 1 篇为总论，介绍了野外综合实习在自然地理教学中的重要地位，讲述了区域自然地理概况；第 2 篇为实习区划分与实习指导，介绍了实习区的划分原则与划分方案，并提供了实习背景资料与实习指导；第 3 篇为实习设计与实习分区，介绍了青藏高原北缘实习区、石羊河流域实习区、黑河流域实习区以及疏勒河流域实习区的主要实习内容；第 4 篇为实习信息化，介绍了使用较为普遍的野外实习管理软件和西北师范大学研发的野外实习专用管理软件。

本书由朱国锋拟定提纲并统稿，并经过与南京师范大学张志刚、山东师范大学孙维君、陕西师范大学石培宏等多次讨论修改后最终成书。

本书参编人员如下：第 1～4 章由朱国锋编写；第 5 章由桑丽源、仇栋栋编写；第 6 章由张志刚编写；第 7 章由孙维君、石培宏编写；第 8～9 章由童华丽编写。

本书在出版过程中，得到了华东师范大学、南京师范大学、陕西师范大学、西北师范大学、山东师范大学等高校的大力支持，国内外同行也提出了一系列修改意见与建议，同时获得了秦大河院士、TC Rasmussen 教授、任贾文研究员、何元庆研究员、石培基教授、张勃教授、康世昌研究员等的大力支持。在此，作者向他们表示衷心的感谢！

作者撰写本书时力求做到专业性、实用性和时效性的统一，但由于作者水平有限，加之时间仓促，本书不足之处在所难免，恳请各位老师和同学指正。

编者

2025 年 3 月

目 录
CONTENTS

第3篇　实习设计与实习分区

第4篇　实习信息化

第1篇

总 论

第1章

自然地理野外综合实习概述

1.1 野外综合实习的意义

1.1.1 自然地理野外实习是课堂教学的必要延伸

自然地理野外综合实习是基于学生掌握的自然地理相关知识而开展的实践教学环节。作为连接课堂教学与社会实践的桥梁,野外综合实习有利于学生将所学的自然地理学理论知识进行实践。它在拓展学生知识面、提高学生基本地理素养、培养学生分析和解决实际问题的能力等方面起到重要的作用。自然地理野外综合实习的开展可以将抽象的自然地理学理论知识运用于实际自然地理现象的识别和分析中,从而提升学生自然地理学实证研究能力和综合分析能力。

自然地理野外综合实习的开展依赖于各种各样的实习形式,需要通过特定的方法和模式来实现。地理野外实习路线和实习点的规划是否科学,实习方法是否恰当,实习制度和实习基地设施是否完善等对地理实践教学影响重大。地理野外实习的效果会影响地理科学类相关专业教育的质量,进而影响到专业人才的培养。完成自然地理野外综合实习的规定环节、做好野外实习的总结评价,是提高自然地理野外综合实习质量的重要保证。

1.1.2 自然地理野外实习是地理学学习和研究的必备环节

野外考察是地理学研究中最基本的方法,自然地理野外综合实习是让学生掌握自然地理实证研究方法的重要教学环节。野外综合实习以培养学生掌握野外工作方法为目的,根据教学要求和实习地区的实际情况,对不同区域不同类型的自然地理要素进行观测和分析。实习的主要内容有:①综合运用 GPS、环刀、标本夹、地形图、地质图、遥感图像等工具和资料,掌握常规野外辅助工具的使用技术;②参观不同气象站、水文站和科研观测站,熟悉常规的水文、气象和生态环境观测系统;③在部分实习点开展观测、测量、测试、标本采集、填图等,形成系统的学习记录,掌握常规的自然地理野外调查方法;④学生在获取观测资料后,对资料进行整理、归纳、分析,并得出调查结论,从而提高从事自然地理野外工作和科学研究的能力。

1.1.3   自然地理野外实习是社会发展的必然要求

自然地理学主要研究地球表层系统及多等级自然区域系统的结构、功能及变化规律。目前人类活动造成的影响已经遍及全球,影响力远非其他物种所能及。人类活动对地理环境的影响已经超过自然变化的强度和速率,人类将持续对未来的生存环境产生深远的影响。这些科学问题已经远远超出单一学科关注和解决的范围,迫切需要从整体上来认知和研究地球环境的变化,从而出现了现代自然地理学、地球系统科学、全球变化科学等综合性更强且研究方式更加多样的学科。同时,观测技术的发展,特别是遥感技术的进步,提升了人类对整个地球系统进行监测的能力,计算机技术的发展为处理大量的地球系统信息和建立复杂的地球系统数值模式提供了便利,这使得自然地理学抽象性、复杂性和综合性特征突出。对地理科学类相关专业学生而言,通过代入感强且丰富灵活的实践教学模式讲授自然地理学课程,有利于学生形成具体的知识认知和系统的认知体系,有效提升学生对"家国情怀"的感知能力,进而培养符合新时代要求的地理科学类专业学生。

1.1.4   自然地理野外综合实习是地理专业能力培养的必要手段

在地理科学专业教学中,实践教学能够很好地结合专业教学的重点和发展趋势,充分提高学生的创新能力和综合素质,从而更好地实现教学目的。实践教学体系的逐步优化能够更好地提升学生将理论知识应用到具体问题上的能力,有益于学生更好地掌握自然地理学的知识体系和研究方法,从而实现对理论知识的巩固和实践能力的提升。

培养创新精神与实践能力是大学教育的核心。自然地理野外综合实习是实践性的教学过程,学生在实习过程中不仅可以提高动手操作能力,还可以在教师的指导下对区域各地理要素进行分析,运用相关理论进一步认识和了解区域人口、资源和环境等可持续发展问题,从而使所学理论与实践活动有机结合。

1.2   野外综合实习的设计原则和方法

1.2.1   野外综合实习的设计原则

1. 综合性

实习区不仅涉及区域内的地质、地貌、气候、水文、土壤、植被等自然地理要素,还要考虑区域产业、交通、聚落、人口、民族、文化与人地关系等人文地理要素。因此,在实习内容的设计过程中,应综合考虑不同地理因素,以自然地理要素的设置为核心,深入了解实习区社会经济要素的类型、结构、地域差异和分布规律,归纳区域特征,充分论证特定区域的人地关系,深入挖掘特定区域的实习价值。

2. 系统性

自然地理野外综合实习的设计是一个系统工程。首先进行总体框架设计,然后进行实习区和实习基地设计,最后进行实习点的设计。实习区应尽可能选择地理现象典型的地段和生态环境问题突出的区域,采取沿途路线观察与典型实习点实习相结合的方式,争取在有限时间内让学生取得较好的实习效果。实习线路与实习点要优化组合,以达到既相互联系又独成体系的模式。实习考察路线要有充分的安全和生活保障,并在实习区域合理规划,避免实习线路重复或迂回。科学的野外实习设计可以大大提高自然地理野外综合实习的质量。

3．实用性

自然地理野外综合实习是地理科学专业中具有较强实践性的教学环节之一,对学生而言,它是连接课堂教学和未来从事科学研究、教育教学以及地理学相关行业部门工作的桥梁,有利于将所学理论与社会实践和社会需求有机结合起来。所以,在进行实习设计时要突出实用性原则,从教师教学、学生就业和科研需求等实际情况出发,切实预判并力求解决学生在未来学习、研究和工作过程中所面临的问题。

4．地域性

地域性是指不同地理区域各组成部分以及整个景观在地表空间上按一定的层次发生分化,并按确定的方向有规律分布的现象。它是区域地理环境空间结构的体现,在自然、经济、社会、文化等各个方面都有相应的表现形式。不同实习区具有不同的地域特征,应根据地域特征有针对性地制订实习计划,确定实习重点并设计实习内容。

1.2.2　野外综合实习的组织

1．实习计划的制订

根据各高校地理科学本科专业教学大纲的要求,地理野外综合实习一般安排在第三学年下半学期或者第四学年上半学期进行,实习时间多为 2～5 周,对应的学分为 2～6 分,均为专业必修课程。为保证自然地理野外综合实习的顺利进行,实习指导老师应根据专业培养方案,提前制订切实可行的实习计划。主要包括以下方面。

(1) 明确实习目的。通过实践教学,学生将抽象且零散的地理学理论知识具体化和系统化。学生能够将理论与实践相结合,提升在实践中发现问题的能力,并能较好地解释地理学现象,解决地理学相关现实问题。培养学生形成吃苦耐劳、团队协作等基本地理学野外实践素养。让学生通过领略祖国大好河山和剖析生态、人口、环境和资源问题,形成正确的资源观、可持续发展观和自觉服务社会的意识。

(2) 实习地点的确定。根据实习目的,野外综合实习地点的选择一般要从实习地区自然地理要素的多样性、典型性与交通的便利性出发,观察不同地理景观与地理界线类型的典型特征与过渡性质,如祁连山及河西走廊地区地处青藏高原、内蒙古高原交会处,东部地区受东南和西南季风的影响,中西部地区受西风带的控制,区内地貌形态多样,地质构造活动频繁,气候、土壤、植被类型丰富,是自然地理学相关专业野外综合实习的理想地点。河西走廊地处农耕文明和游牧文明的过渡地带,是丝绸之路的重要通道,是东西方经济、文化交流的通道和重要场所。悠久的开发历史、不同形态的文明、反复的政权变更,在这里留下了大量历史文化遗迹。同时,河西走廊也是我国重要的商品粮基地之一,也是我国有色冶金、钢铁、农产品加工业的主要基地。1950 年以来,社会经济的发展和人口的增长导致该区域水资源匮乏、生态环境恶化,水资源约束下的绿洲发展面临严峻的生态问题。综上所述,青藏高原北缘、祁连山及河西走廊地区具有独特的地域特色和较强的生态代表性,是地理科学专业野外综合实习的理想区域。

(3)实习路线的优化。路线选择要以在较短的距离内观察到较多的和较全的地理现象为原则,同时要尽量选择地理现象典型的地段和生态环境问题突出的区域,以便以点线结合的方式掌握区域分异的基本规律以及人地关系的相互作用机制。因此,野外综合实习应选择那些能够穿越多个自然地带和人类活动地区的路线,以便从整体上对比不同自然地带与人类活动区的差异,以及从一个地区到另一个地区的演替过渡现象。同时,必须在每个自然地带内选择若干典型自然区,以掌握每个自然地带本身的特征以及自然区的界线划分和内部结构。典型自然区应包括从最高到最低的整个生态系列,且能反映气候特征的标准立地,也应有能反映地方性差异的非标准立地,以及能反映地形垂向分异的垂直立地。

2. 实习管理

各学校实习规模差异较大,一般 50～300 人不等,实习存在安全、交通、住宿等一系列问题,因此实习管理非常重要。各学校在多年实习中形成了相对固定的野外综合实习教学管理模式。在野外综合实习出发前,带队教师一般会召开实习动员大会,讲解实习的目的和要求,介绍实习基地基本情况,检查师生的实习准备情况。实习结束后,组织组员撰写实习报告和实习总结。

1.2.3　野外综合实习的流程

1. 实习前的准备

自然地理野外综合实习是一项系统工程,做好前期准备工作是提升实践教学效果的保障。实习前,教师按实习大纲的要求,进一步明确实习要求和实习任务、选定实习路线、编制实习指导材料、召开实习动员大会、做好经费预算及突发状况应急预案等。学生的前期准备工作主要包括合理分组、了解实习区域概况、做好个人实习准备等。

2. 实习的过程控制

(1)实时指导。实习过程中教师要对观察到的地理要素和现象进行实时讲解,引导学生积极观察并善于发现科学问题。注重引导学生使用地理学相关理论知识对地理事物和现象进行分析,同时向学生讲解观测、测量、填图和访谈的基本流程和方法,并指导和检查学生的仪器操作过程和数据分析结果。

(2)实习的现场调控。带队教师要按照教学计划的要求,引导并调动学生积极参与,及时收集学生反馈的信息来调控实习内容和进度,尽可能保证大部分学生能够较好地掌握实习内容。

(3)实习的安全保障。实习过程中,应要求学生注重人身和物品安全,确保野外综合实习的顺利完成。

3. 实习总结

实习总结能够检验学生能否较好地巩固野外综合实习所学到的专业知识和技能,是综合地理实习必不可少的环节。实习成果总结包含以下 3 部分内容。

(1) 实习笔记及实习资料整理。内容包括:①对野外实习记录和收集到的文字材料、照片及其他材料进行归类、整理、分析;②对收集的数据进行统计、处理,对采集的样本进行整理、鉴别、加工并分类;③对绘制的示意图、剖面图等进行检查、修正等。

(2) 实习报告撰写。内容包括:实习目的、实习要求、实习内容、实习成果和实习体会。实习报告要求紧密围绕实习内容,数据科学客观可靠,语言流畅,图表规范,同时,对实习过程中的各种地理事物和现象进行较深入的对比分析和讨论,并结合自身实际阐述实习心得体会。

(3) 实践创新能力提升。要求学生结合实习过程中发现和挖掘的科学问题,积极撰写论文,申请专利或软件著作权,并积极参加各类比赛。

1.2.4　野外综合实习的教学模式

1. 查阅资料

实习前,根据实习安排认真阅读实习指导材料,查阅相关文献资料。查阅资料时,注意要全面、准确地把握各种信息,查阅有权威性和代表性的著作和论文。资料主要包括文字资料、图形资料、数字资料等形式;文字资料主要有与实习区域有关的文献。图形资料主要有地形图、地质图、地貌图、水文图、土壤分布图、植物分布图等各种与实习内容相关的图形资料。数据资料主要有实验数据、统计数据和观测数据等。

在查阅资料后,对所掌握的资料进行整理。同时结合自己所学知识和查阅的相关资料,列出自己对实习地区地形、地貌及其发育形成等各方面的理解以及不明白的部分。在实习过程中侧重观察研究,以深化学生在实习过程中的学习。

2. 现场观测

野外实习最重要的是让学生学会观测,所以实习过程中每个实习点教师在讲解前,需要给学生预留自主观测和分析观测结果的时间,然后再根据学生观测的结果进行剖析与讲解。

3. 教师讲解

教师讲解是野外综合实习最重要的模式,实习过程中,教师高质量的讲解可以帮助学生快速建立知识体系,同时,也可以引导学生运用合理的地理思维观测地理现象,思考它和事物内在逻辑之间的联系,从而锻炼学生自主探究的能力。

4. 仪器操作

监测观测仪器实际操作是获取认知最直接的方式,学生通过亲自操作气象、水文和生态环境监测观测仪器来掌握相关数据获取的方法,锻炼学生动手操作能力。实习指导教师或观测站观测人员要对操作过程进行充分的示范和指导,并结合对设备运行原理进行讲解,从而加强学生的理解,帮助学生掌握正确的操作方法。

5.数据分析

野外观测数据包括仪器观测数据以及搜集到的数据资料(如调查报告、论文、专著、地形图、各种专业地图、遥感图等)。对获取的数据资料进行系统性整理和分析,形成高质量的实习笔记和实习报告可以极大地巩固实习效果,提升实习质量。

6.报告撰写

野外综合实习可以加深学生对地理学基本原理和实际问题的认识和理解,培养学生地理学的空间观念和综合分析能力,引导学生在实习中发现问题和解决问题。实习结束后可进一步从实习内容中认识、探索科学问题,积极撰写论文,申请专利或计算机软件著作权,并积极参与各类科研工作和参加实践类比赛。

1.2.5 野外综合实习的评估

1.实习成绩评价体系构建

科学的实习成绩评定是提高学生参与积极性和保证实习效果的必要环节。自然地理野外综合实习采取实习过程与实习结果并重的考核方法,注重实习过程中的表现,兼顾实践创新能力的考核。

具体的成绩评定通过以下形式进行。实践过程评价:考勤记录(20%)+实习日志(30%);实践结果评价:实习报告(20%)+实习素材整理(20%);实践创新能力评价:调查报告、论文、专利、计算机软件著作权、获奖等(10%)。

2.实习教学效果评估

(1)调查问卷评估。实习结束后,指导教师要在对实习过程进行详细分析的基础上编制《自然地理野外综合实习质量调查问卷》,对此次参与实习的学生展开抽样调查,调查学生对实习计划、线路安排、指导教师的工作、实习效果、考核形式、技能训练等方面的满意程度及建议。指导教师分析整理调查数据并对本次实习情况做出评价。

(2)访谈法评估。采用访谈法,对参与实习的同学进行交谈,了解其对自然地理野外综合实习的看法,以便及时发现问题,进而有效地分析问题,并根据地理野外实习的实际情况提出针对性的对策与改进建议。

根据实习工作的评价指标体系,对本次野外综合实习进行评估,并提出改进意见,结合调查问卷和访谈的结果对本次自然地理野外综合实习做出全面总结。

1.3 自然地理野外综合实习综述

1.3.1 国外地理实习经典案例

1.美国内华达州立大学科迪勒拉山地理野外综合实习案例

科迪勒拉山系(北段)主要位于北美大陆西部,属中新生代褶皱带,构造复杂,由一系列褶皱断层组成,主要形成于中生代下半期和第三纪,褶皱断层构造复杂,地壳活动仍在继续,多火山地震,是环太平洋火山地震带重要组成部分。山系一般为南北或西北—东南走向,由一系列纵向山脉、山间高原、盆地组成,北段大致可分为东、中、西三个纵列带:东部以落基山脉为主体,中部为山间高原盆地带,西部为太平洋边缘山地。北美科迪勒拉山系东西跨度较大,为 800~1600 km,海拔为 1500~3000 m。

该山系地形复杂、海拔高且对气候的分布有较大的影响。科迪勒拉山系形成后成为阻挡太平洋气流向东运动的巨大屏障,降水由西向东递减,由西岸的温带海洋性气候,向东进入山间高原逐步更替为温带大陆性半干旱气候。西海岸的河流流域较小,多外流入海,水能资源丰富、航运价值不大,而在山系以东发育着著名大河,如密西西比河。土壤和植被的分布也由西向东演变,山地本身的土壤、植被垂直分异则更为明显。科迪勒拉山系的矿产资源丰富,该地区拥有美洲其他地区所缺乏的多种金属矿和沉积矿,为美洲大陆的开发和经济发展提供了重要的物质基础。

实习路线及目的要求:

主要路线为:沃特顿冰川国际和平公园—黄石国家公园—盐湖城大盐湖—大盆地—内华达山—加利福尼亚谷地—海岸山脉—旧金山。

1)沃特顿冰川国际和平公园

(1)观察 U 形谷、冰斗、角峰、冰川湖等地形地貌,分析影响其形成的主要因素;

(2)对比落基山脉分水岭东西两侧气候特征及植被分布差异,分析其成因;

(3)在观察的基础上,绘制公园内落基山脉分水岭东西两侧自然带的垂直分布图。

2)黄石国家公园

(1)分析影响该区间歇泉分布的主要因素;

(2)选择适宜的地点观察火山碎屑物的形状构造、结构及成分等特征;

(3)分析黄石湖的成因;

(4)分析黄石河的大峡谷并分析瀑布的成因;

(5)观察大峡谷两侧岩石的颜色、组成和结构,并分析其成因;

(6)观察公园内的植被分布状况,分析该区的气候特征及其影响因素;

(7)在观察的基础上分析公园内冰川作用形成的地貌景观。

3)大盐湖及大盐湖沙漠

(1)观察注入湖泊的河流的分布,了解河流的水文状况;

(2)观察湖滨湿地的分布,分别测定湖北部和南部湖水的盐度,比较其差异,分析形成的原因;

(3)观察大盐湖湖岸阶地在湖周围的分布情况,并选择合适的断面,观测阶地的级数和高度,绘出湖岸阶地在湖周围分布的草图及湖岸阶地分布的纵剖面图;

(4)沿剖面采集样品并判断其形成年代,分析湖泊水位的变化过程;

(5)观察大盐湖沙漠中各种风成地貌的形态特征及分布,并根据其形态特征以及其他标志,判断沙丘移动方向。

4)大盆地

(1)观察大盆地"断块山与盆地间错分布"的地形总体特征,探讨断裂分布的主要方向;

(2)观察大盆地河流较少、盐湖较多的水文状况;

　　（3）观察干谷的形态,分析干谷的方向与风向之间的关系,观察盆地中沙丘的分布、规模、形态等,分析沙丘的分布与风向之间的关系;

　　（4）观察干旱地区植被分布状况及植被的形态特征;

　　（5）从纬度、海陆分布及地形特征等方面分析大盆地干旱气候的成因;

　　（6）选择典型的冲积地貌或洪积扇,观察其形状、结构及物质组成等特征,并分析冲积地貌或洪积扇的成因及变化;

　　（7）观察火山的结构、形态以及火山沉积物的颜色、形状、构造、结构等基本特征。

　　5）内华达山

　　（1）观察花岗岩风化后的形态特征;

　　（2）测量并比较内华达山东坡、西坡的坡度和地貌分布的差异;

　　（3）观察内华达山冰川断层、峡谷及河流的形态特征;

　　（4）选择合适的路线,分别观察并记录内华达山东坡和西坡自然带的垂直变化,并绘出内华达山自然带的垂直变化图;

　　（5）剖析造成内华达山东坡和西坡自然带分布差异的因素。

　　6）加利福尼亚谷地

　　（1）选择合适的地点观察褐色土的剖面结构;

　　（2）观察并讨论促使加利福尼亚谷地成为美国西部最重要的农业区的影响因素。

　　7）美国海岸山脉及旧金山

　　（1）观察并比较海岸山脉东西坡自然环境的差异性;

　　（2）在旧金山选择合适的地点观察河口地貌及各种海岸地貌。

2. 德国科隆大学阿尔卑斯山地理野外综合实习案例

　　阿尔卑斯山位于欧洲中南部,是欧洲大陆山地的主体。西起法国尼斯附近地中海海岸,呈弧形向北、向东延伸,经意大利北部、瑞士南部、列支敦士登南部、德国南部,东至奥地利的维也纳盆地。阿尔卑斯山脉是一条典型的褶皱山脉,由许多几乎平行的背斜和向斜构造组成,同时还有规模很大的逆掩断层和推覆断层。大部分冰川地貌类型都较发育,冰蚀地貌尤为典型。许多山峰、角峰锐利,山石嶙峋,峻峭挺拔,并有许多冰川侵蚀作用形成的角峰、冰斗、U形谷、冰蚀湖等以及冰川堆积作用的冰碛地貌。阿尔卑斯山脉是温带大陆性气候和地中海式气候的分界线,山地气候冬凉夏暖。整个阿尔卑斯山湿度很大,年降水量一般为1200～2000 mm,海拔3000 m左右为最大降水带,边缘地区年降水量和山脉内部年降水量差异很大,海拔3200 m以上为终年积雪区。阿尔卑斯山脉是欧洲许多河流的发源地和分水岭,多瑙河、莱茵河、罗讷河、波河都发源于此,山地河流上游,水流湍急,水力资源丰富,有利于发电。阿尔卑斯山脉的土壤和植被呈明显的垂直变化,可分为亚热带常绿硬叶林带（山脉南坡800 m以下）、森林带（800～1800 m）,下部是混交林,上部是针叶林;森林带以上为高山草甸带,再上则多为裸露的岩石和终年积雪的山峰。阿尔卑斯山地区社会经济发展主要依靠旅游业,西、中阿尔卑斯山风景宜人,设有现代化旅馆、滑雪坡和登山吊椅等,冬季滑雪运动吸引大量游客。山麓与谷地间的不少村镇环境幽雅,每年都有大量游客来此观光旅游。

　　实习路线及目的要求:

　　主要路线为:巴塞尔—阿尔卑斯山圣哥塔峰—罗讷河上游谷地—安德马特隘口和圣哥

达隧道—格里松山—恩加丁山谷。

1）巴塞尔—阿尔卑斯山圣哥塔峰

（1）观察莱茵河上游的河流阶地，辨别阶地类型，绘制阶地图，分析其形成原因；

（2）观察上游河谷两侧的植被分布和土壤变化，找出其分带及其大致界线位置；

（3）测量上游河谷的水文状况，如水位、流量等，分析冰川与河流的联系。

2）罗讷河上游谷地—安德马特隘口和圣哥达隧道—格里松山—恩加丁山谷

（1）调查罗讷河上游谷地的水资源利用和开发情况，结合所学知识，分析其利弊；

（2）收集和测量上游河谷的流量、水位等水文状况，观察河流阶地、河漫滩物质组成；

（3）观察阿尔卑斯西段南北坡的气温、降水、植被、土壤等差异，并探讨其形成原因；

（4）选择合适的路线，观察山体植被的垂直地带性，绘制其垂直分异图；

（5）选择合适路线，观测土壤空间分布，了解不同海拔可能产生的垂直分异现象以及山坡的朝向等对土壤发育的影响，选择合适的土壤剖面，观测土壤剖面并绘制剖面草图；

（6）观察 U 形谷、冰斗、角峰、冰川漂砾、冰斗湖等地形地貌形态；

（7）观察谷坡自下而上的自然景观分布。

3. 英国杜伦大学非洲东部地理野外综合实习案例

非洲东部北起厄立特里亚，南迄鲁伍马河，东临印度洋，西至坦噶尼喀湖。总体上看，地质地层发育齐全，以前寒武系为主，由变质岩系组成，并受到混合岩化作用和花岗岩化作用的影响。地形地貌以高原为主，大部分海拔在 1000 m 以上，是非洲地势最高部分，沿海有狭窄低地，还具有典型的断裂、火山地貌。东非大裂谷纵贯南北，谷地深陷，两边陡崖壁立，沿线多乞力马扎罗山、肯尼亚山等火山和埃塞俄比亚等大小熔岩高原。气候以热带草原气候为主，还包括热带沙漠气候和高山气候，但垂直地带性明显；高山地区凉爽湿润，沿海低地南部湿热，北部干热。地处地中海、印度洋、大西洋水系的分水地区，多数河流东流注入印度洋。尼罗河发源于西部山地，湖泊众多，除维多利亚湖、基奥加湖外，多属断层湖，并沿裂谷带呈串珠状分布，构成著名的东非大湖带。土壤和植被的非地带性表现得非常突出，主要有热带森林、热带草原及热带荒漠、半荒漠等。社会经济发展主要依靠农业，该地区盛产咖啡、剑麻、茶叶、腰果、棉花、丁香等经济作物。

实习路线及目的要求：

主要路线为：维多利亚湖西北岸（乌干达首都坎帕拉附近）—奈瓦沙湖—内罗毕国家公园—肯尼亚山—埃塞俄比亚高原（亚的斯亚贝巴附近）—柏培拉港口（索马里境内）。

1）维多利亚湖西北岸（乌干达首都坎帕拉附近）

（1）观察湖的西北岸植被形态的总体特征，测量空气的温度及湿度，并测定所在地点的经纬度及高程，讨论它们之间的关系；

（2）选择典型雨林区，识别其中的植被，记录雨林中乔木的层数，设法测出各层的高度，观察其中藤本植物的生长特点；

（3）选定一个地点挖掘土壤剖面，观察土壤的层次结构及各层次的颜色、组成等性质，并分析成因；

（4）对比湖北岸和西岸的岸线差异，并观察湖西岸的陡崖；

（5）取湖水水样测定 pH、温度、盐度等物理性质和化学性质；

（6）在从湖西北岸向东的行程中，在金贾附近观察欧文瀑布。

2）奈瓦沙湖及其附近

（1）沿途观察大裂谷在该段形成地堑的特点，估算裂谷在该段的宽度，选择合适的地点测量谷壁的坡度；

（2）选择地点分别测量裂谷顶部和底部的海拔，计算裂谷在该段的深度；

（3）在湖岸附近选择地点观测断层，包括断层的长度、方向以及断层带的宽度等；

（4）观察湖周的植被分布状况，测量气温、空气湿度、湖水的盐度及 pH，并分析其成因，观察隆戈诺特火山锥以及周围的活火山，观察火山碎屑物的颜色、组成及结构等特征。

3）内罗毕国家公园

（1）搜集当地相关气候资料，测定公园所在的经纬度、海拔、温度及湿度，并讨论气候特点的成因；

（2）观察公园内植被的种类、形态特征及分布状况，观察公园内不同种类的动物。

4）肯尼亚山

（1）观察不同坡向山麓的植被分布差异，测定所在地点的经纬度和海拔，测定空气的温度和湿度；

（2）选定登山路线，沿途观察植被的变化（包括植被的类型和覆盖度），测量并记录各观测点的位置信息和气象特点；

（3）观察冰斗湖的形状、大小及湖周冰碛物的特征；

（4）测量并记录积雪分布处的海拔、气温及空气湿度，在冰雪区观察 U 形谷等冰川侵蚀地貌，并测定所在海拔高度、气温，计算所在点与山麓的高差及温差；

（5）绘制肯尼亚山的垂直自然带谱。

5）埃塞俄比亚高原

（1）选择距离埃塞俄比亚首都亚的斯亚贝巴较近的埃塞俄比亚高原西坡，观察自然环境的垂直变化，沿途观察植被的变化并测定和记录经纬度位置、海拔、气温、空气湿度、风向等；

（2）观察高原上断裂带的分布状况及火山岩的结构和构造特征；

（3）测定亚的斯亚贝巴的纬度、海拔及空气指标值，讨论影响其气候形成的因素；

（4）观察背风坡植被的种类及形态特征，测定经纬度位置、海拔、气温、空气湿度等，并将其与迎风坡做比较；

（5）根据观察和记录的结果绘制埃塞俄比亚高原的垂直自然带谱。

6）柏培拉港口（索马里境内）

（1）观察沿途植被分布，测定空气的温度和湿度状况；

（2）观察荒漠地貌，讨论该区气候干旱的原因，观察柏培拉港附近的海岸地貌。

4. 南美智利大学安第斯山地理野外综合实习案例

安第斯山位于南美大陆西部，为南美洲的主要山脉，是全世界最长的山脉。地质上属年轻的褶皱山系，形成于白垩纪末至古近纪的阿尔卑斯运动，历经多次褶皱、抬升以及断裂、岩浆侵入和火山活动，地壳活动仍在继续，为环太平洋火山地震带的一部分。安第斯山脉由一系列平行山脉和横断山体组成，间有高原和谷地。海拔多在 3000 m 以上，海拔超过 6000 m

的高山有 50 多座,其中位于阿根廷境内的阿空加瓜山海拔 6960 m。安第斯山脉部分地区属于热带沙漠气候,降水量变化很大,南纬 38° 以南年降水量超过 508 mm,往北降水量减少,并有明显的季节性,温度随海拔高度不同有很大差异。以安第斯山脉为分水岭,东西分属于大西洋水系和太平洋水系。太平洋水系河流源短急流,且多独流入海。大西洋水系的河流大多源远流长、支流众多、水量丰富、流域面积广,其中,亚马孙河是世界上流域面积最广、流量最大的河流。土壤和植被类型复杂多样,垂直分带明显,随纬度、高度和坡向而异。低地和低坡地带终年高温,砖红壤在热带山地常绿林中所占比例很大。由下向上,土壤和植被类型依次更替,直至高山冰雪带,垂直带图谱完整。由于南美洲工业发展受限,社会经济发展主要依靠农业,种植业中经济作物占据绝对优势,是可可、向日葵、菠萝、马铃薯、木薯、巴西橡胶树、烟草、金鸡纳树、玉米、番茄、巴拉圭茶、辣椒等栽培植物的原产地。

实习路线及目的要求:

主要路线为:安托法加斯塔—阿塔卡马断层—阿塔卡马沙漠—西科迪勒拉。

1)安托法加斯塔

(1)根据海岸的组成物质,划分海岸的类型,如岩岸、沙岸、泥岸、红树林海岸、珊瑚礁海岸;

(2)观察各种海岸地貌,包括海岸堆积地貌和海岸侵蚀地貌的各种形态,根据海岸地貌的发育状况,简析地质时期海岸线的变化和地壳运动的频度和幅度;

(3)思考海岸带主要的海洋动力作用,进行海滩剖面特征的观察,分析海岸主要的沉积物及其来源;

(4)观察潮差,包括高潮和低潮,测量潮间带的宽度和坡度;

(5)对所考察的海岸带的开发利用做出规划,或对已有的开发情况进行评述。

2)阿塔卡马断层

(1)观察断层产状要素,绘制断层发育区地质剖面图;

(2)分析和制作节理玫瑰花图;

(3)观察断层两盘相对运动,包括方向和位移,并进行断层的分类。

3)阿塔卡马沙漠

(1)收集该地区的气候和降水资料,分析沙漠形成的原因;

(2)观察沙丘的类型及分布规律,分析该地区盛行风向;

(3)收集资料,分析目前沙漠的发展状况,制定沙漠治理的措施。

4)西科迪勒拉

(1)观察火山活动形成的地貌;

(2)选择合适的路线观察山脉西部的植被-土壤垂直分布状况,绘制对应的植被-土壤分布图;

(3)观察火山的结构、形态以及火山沉积物的颜色、形状、构造、结构等基本特征。

5. 昆士兰大学澳大利亚东南部地理野外综合实习案例

澳大利亚大陆地处南半球,位于太平洋西南部和印度洋之间(南纬 10°41′～39°11′,东经 113°05′～153°34′)。澳大利亚陆地曾是冈瓦纳古陆大陆的一部分,有着世界上最漫长和最复杂的地质演化史,东南部在大地构造上主要为显生宙造山带。澳大利亚大陆东南部的地势相对较高,主要为褶皱、断块山地和沉积平原,分布有珊瑚礁、风积沙垄、自流盆地等典型而独特的地貌现象。澳大利亚主要的气候类型有热带气候、草原气候、沙漠气候、温带气候、亚热带气候。墨累河和达令河是澳大利亚最长的两条河流。这两个河流系统形成墨累—达令盆地,面积约 100 万 km²,相当于大陆总面积的 13.14%。最长河流墨累河长 2589 km。艾尔湖是靠近大陆中心一个极大的盐湖,面积超过 9000 km²,但长期呈干涸状态。由于澳大利亚大陆的降水量自北、东、南沿海向内陆递减,呈半环状分布,土壤、植被类型的地理分布也因而有类似的情况。澳大利亚东南部农牧业发达,自然资源丰富,盛产羊、牛、小麦和蔗糖,同时也是世界重要的矿产品生产和出口国。农牧业、采矿业为澳大利亚传统产业,制造业、高科技产业和服务业较发达。

实习路线及目的要求:

主要路线为:凯恩斯—大分水岭—大自流盆地—艾丽斯斯普林斯—维多利亚大沙漠东部—艾尔湖、托伦斯湖—纳拉伯平原东部—阿德莱德。

1) 凯恩斯附近的珊瑚礁、沙滩以及热带雨林景观

(1) 观察海岸绵延的沙滩、大堡礁及潟湖等海岸地貌,分析其形成条件;

(2) 观察位于凯恩斯北面的戴恩树与考文角国家公园中的热带雨林景观,并讨论该区降水较多的原因;

(3) 观察位于凯恩斯西面的阿瑟顿高地的瀑布、火山湖等地貌景观,分析该区瀑布及火山湖较多的原因。

2) 大分水岭

(1) 观察从凯恩斯向西直至大分水岭西部的植被等自然景观的变化;

(2) 观察大分水岭东、西坡的水流流向以及河谷地貌;

(3) 结合观察到的景观,分析组成地表环境的圈层之间的相互作用;

(4) 实地辨认砂岩、花岗岩和玄武岩,观察它们在颜色、组成成分、结构等方面的差异。

3) 大自流盆地

(1) 观察经过的大自流盆地地区的植被分布及其变化状况;

(2) 观察大自流盆地中河流的水量、流速、河谷形态及盐沼分布状况等特征;

(3) 绘制大自流盆地的剖面示意图。

4) 艾丽斯斯普林斯

(1) 观察沙丘的形态、沙粒的大小,测量沙丘在不同方向上的坡度,分析其成因;

(2) 观察考诺山的颜色、形状,观测其岩石组成;

(3) 观察艾尔斯巨石周边荒漠平原的蓝灰檀香木、红树、金合欢丛、沙漠橡树以及沙丘草等植被;

(4) 观测艾尔斯巨石的物质组成,测量其硬度,并观察巨石顶部形状及四周陡崖上的沟槽和浅坑,分析其成因,观察艾尔斯巨石在一天中不同时间段颜色的变化,并讨论其成因。

5) 维多利亚大沙漠东部

(1) 选择合适的地点观察维多利亚大沙漠沙垄和沙丘的形态;

(2) 测量沙垄、沙丘的高度,不同沙丘的坡度并进行对比,测定沙丘、沙垄的排列方向;

(3) 讨论所观测的沙垄沿一定方向排列的原因。

6）艾尔湖、托伦斯湖

(1) 观察艾尔湖因干涸而形成的盐池及盐壳,取湖水样,测量其盐度;

(2) 收集艾尔湖地区降水和蒸发的相关资料,将其进行比较;

(3) 观察流入艾尔湖的河流的水流及河谷特征;

(4) 观察托伦斯湖的湖岸地貌特征。

7）纳拉伯平原东部

(1) 在纳拉伯平原东部选择合适的地点观察典型的喀斯特地貌,包括溶洞和洞内的石笋、石钟乳和石柱等的发育情况;

(2) 测定溶洞中水的盐度,分析该区喀斯特地貌的成因,测量空气的湿度并分析纳拉伯平原东部植被稀少的原因。

8）阿德莱德

(1) 观察附近的海岸地貌,讨论阿德莱德所在地区海湾的成因;

(2) 观察该区分布的植被,分析植被的分布与气候之间的关系。

1.3.2　国内地理实习经典案例

1. 武汉大学庐山地理野外综合实习案例

庐山位于江西省九江市境内(北纬 29°26′~29°41′,东经 115°52′~116°8′)。它东邻鄱阳湖,南靠武宁县,西接京九铁路,北枕长江,耸立于长江中下游平原与鄱阳湖畔。庐山地貌较为特殊,其发育有地垒式断块山和中元古代星子岩群地层剖面,是一种多成因复合地貌景观,依次由断块山构造地貌景观、冰蚀地貌景观、流水地貌景观叠加而成。庐山属于亚热带季风湿润区,空气湿度大,夏季山上山下的气温差异较大。庐山地区的沟谷水系自成系统。庐山景区通过筑坝蓄水成湖和给排水系统的调节,实现了水体风光旅游的发展。在这种亚热带季风山地湿润气候垂直分布的条件下,庐山发育着垂直分布的土壤,进而促成了植被的垂直分布。从江边湖滨到庐山山顶,分布着红壤、黄壤、山地黄壤、山地黄棕壤、山地棕壤、山地沼泽土以及水稻土和浅色草甸土等不同类型的土壤。从下到上,庐山的植被依次为常绿阔叶林、常绿与落叶阔叶混交林、落叶针叶林。此外,竹林、灌丛、草地等植被类型发育完全,植被演替规律典型。庐山的经济发展主要依赖于旅游业,其旅游经济发展迅速,已成为当地经济发展的重要支柱。

实习路线及目的要求:

主要路线为:九江—海会—白鹿洞—观音桥—秀峰—庐山市—九江—高垅—姑塘一带—九江—东林寺—羊角岭—新桥—莲花洞—牯岭气象站—剪刀峡—望江亭—小天池—王家坡—莲谷—月照松林—东谷—大校场—含鄱口—植物园—牯岭—西谷—锦绣谷—虎背岭—仙人洞—龙首崖—牯岭街—土坝岭—牯岭—芦林大桥—黄龙寺—黄龙潭—水电站—牯岭—汉口峡—大月山—芦林盆地—五老峰—七里冲—三叠泉。

1）九江—海会—白鹿洞—观音桥—秀峰—庐山市

(1) 了解庐山南部的变质岩和侵入岩的性质;

(2) 分析断裂构造与山峰、河谷地貌、瀑布发育的联系;

(3) 认识山区河流的特点,并了解谷底平原、瀑布、深潭、河谷形态、河床类型和水文特征等；

（4）分析鄱阳湖湖蚀、湖积地貌的形态成因，认识并分析湖滨泥砾堆积阶地的沉积特征与成因；

（5）观察常绿阔叶林、马尾松林、常绿灌丛、山地草坡；

（6）观察黄壤剖面及花岗岩残积坡积物上发育的红壤剖面特点，了解其形成与成土因素间的关系，比较黄壤与山地黄壤的异同；

（7）掌握河流水情要素测验的方法。

2）九江—高垅—姑塘一带

（1）观察第四纪沉积物组成的地貌类型，观察沉积剖面特征；

（2）分析湖滨地貌类型及其形成。

3）九江—东林寺—羊角岭—新桥—莲花洞

（1）观察庐山西北侧及山麓地带的地层和构造；

（2）认识夷平面；

（3）观察莲花洞附近的庐山山麓植被；

（4）观察东林寺泉；

（5）观察第四纪沉积物上发育的红壤、黄壤剖面特征。

4）牯岭气象站—剪刀峡—望江亭—小天池—王家坡—莲谷

（1）了解牯岭一带的地理位置和庐山北部"五岭四谷"的地形，了解该区域地质地形情况，以及主要地层岩性、构造与地貌发育的关系；

（2）分析剪刀峡谷地、窑洼、小天池等地的地貌形态特征并分析其成因，了解东谷、莲谷及王家坡谷地三者在构造上的关系，了解南沱组地层及其岩性，了解谷底侵蚀地貌形态和谷底堆积物的性质及其成因；

（3）观察王家坡一带的侵蚀地貌和堆积地貌的特征并分析其原因；

（4）观察油库、莲谷、公路旁山坡上的埋藏土壤剖面，以及莲谷口的土壤发育，了解山地土壤形成的基本特征。

5）月照松林—东谷—大校场—含鄱口—植物园

（1）认识针阔混交林特征及其成因；

（2）了解松林的特征以及光照、水分、土壤、地形等要素与植物生长的关系及植被对各生态因子的适应情况；

（3）通过对东谷落叶阔叶林进行样地调查，了解落叶阔叶林的外貌、结构组成和生态环境（简称生境）条件，认识该群落的主要代表种类；

（4）参观庐山植物园，识别庐山地区的主要乔木、灌木种类和引种栽培植物，识别 40 种庐山特有树种；

（5）观察松林、山地灌丛和三逸乡落叶阔叶林，认识它们的分布特点和演替规律；

（6）观察女儿城的形态并分析其成因；

（7）观察柳杉林，了解柳杉林的外貌、结构组成和生境条件；

（8）观察含鄱岭、九奇峰、犁头尖。

6）牯岭—西谷—锦绣谷—虎背岭—仙人洞—龙首崖

（1）观察庐山西麓及长江沿岸的地貌；

（2）了解西谷、仙人洞、龙首崖一带的地层产状、岩性，分析岩性、构造与地貌发育的关系，观察天桥裂点上下谷地纵横剖面的变化，分析天桥河流袭夺的原因；

（3）分析塔状地形、仙人洞成因、幼年谷；

（4）观察西谷西北侧，并测量地层坡度、坡向、走向等要素，分析坡面的稳定性；

（5）了解常绿与落叶阔叶混交林的垂直结构特征。

7）牯岭街—土坝岭

观察并比较山地黄棕壤和山地黄壤的剖面特征。

8）牯岭—芦林大桥—黄龙寺—黄龙潭—水电站

（1）了解石门涧河道的特点以及河谷形态；

（2）分析修建水库及水电站（梯级开发）的条件，研究黄龙潭、乌龙潭裂点的成因；

（3）参观水电站，并掌握水电站设施的作用、结构和建站的条件，了解山区水系的开发利用规律，观察山地黄棕壤剖面特征，要求选择代表性地段，观察土壤剖面，采集纸盒标本，分组描述土壤剖面；

（4）观察成土因素（尤其是植被及母质）对土壤形成、发育的影响，观察常绿与落叶阔叶混交林等。

9）牯岭—汉口峡—大月山—芦林盆地

（1）研究芦林湖的形成；

（2）了解南沱组地层，认识岩性、构造与地貌的关系；

（3）观察背斜山（大月山）、次成谷（大校场）；

（4）分析大校场谷地的形态特征、成因以及汉口峡河流袭夺等地貌现象；

（5）观察山地棕壤、山地草甸土的基本特征；

（6）分组观察土壤剖面，采集标本。

10）五老峰—七里冲—三叠泉

（1）理解岭谷与褶曲断裂构造发育的关系，分析新构造运动对河谷发育的影响；

（2）认识三叠泉的岩性与成因构造等的关系，分析宽谷与峡谷的基本特征及其成因。

2．四川大学峨眉山地理野外综合实习案例

峨眉山位于四川省西南部，四川盆地的西南边缘（北纬 $29°16'\sim29°43'$，东经 $103°10'\sim103°37'$）。峨眉山大地构造位置地处上扬子板块本部的峨眉—瓦山断块带，为一座背斜断块山。全区构造较复杂，一级构造为峨眉山大背斜及峨眉山大断层，次级构造褶皱主要有：桂花场向斜、牛背山背斜，断层有观心庵断层、牛背山断层和万年寺断层等。地貌类型按塑造地貌方式可分为侵蚀地貌（峨眉山区）和堆积地貌（峨眉扇状冲洪积平原）；按成因可分为构造地貌、流水地貌、岩溶地貌和冰川地貌等。峨眉山山区云雾多，日照少，降水量充沛。平原部分属亚热带湿润季风气候，1月平均气温约 6.9℃，7月平均气温 26.1℃；因峨眉山海拔较高且坡度较大，气候带垂直分布明显，海拔 1500～2100 m 属暖温带气候；海拔 2100～2500 m 属中温带气候；海拔 2500 m 以上属亚寒带气候。海拔 2000 m 以上地区，约有半年为冰雪覆盖。峨眉山的水文地理位置属大（渡河）青（衣江）水系，境内有天然河流 5 条，即峨眉河、临江河、龙池河、石河、花溪河。花溪河在西北边境与洪雅县共界。峨眉山的土壤因成土母质多样而类型各异，主要土壤类型为黄壤、山地黄壤、黄棕壤、山地暗棕壤及亚高山灰化

土。土壤垂直分布明显,可分为四个土壤垂直带,海拔 1800 m 以下属于黄壤、山地黄壤夹紫色土带,海拔 1800~2200 m 属于山地黄棕壤带,海拔 2200~2600 m 属于山地暗棕壤带,海拔 2600 m 以上属于山地灰化土、山地草甸土带。植被类型总体属于亚热带常绿阔叶林和川东偏湿性常绿阔叶林亚带,但随着海拔的变化,从低山到高山又反映了亚热带、温带、寒温带等不同的植被景观。植被根据实际情况可划分为 4 个植被带:常绿阔叶林带、常绿与落叶阔叶混交林带、针阔叶混交林带和寒温性针叶林带。峨眉山的发展除依靠旅游业之外,还有茶叶等经济作物的种植。

实习路线及目的要求:

主要路线为:洗象池—大乘寺—雷洞坪—接引殿—太子坪—卧云庵—金顶—千佛顶—万年寺—初殿—遇仙寺—仙峰寺—九老洞—峨眉山—报国寺—龙门洞—两河口—五显岗—清音阁—一线天—洪椿坪—报国寺—脚盆坝—张山—余山—新开寺—雷音寺—伏虎寺。

1)洗象池—大乘寺—雷洞坪—接引殿—太子坪—卧云庵—金顶—千佛顶

(1)学会认识植物,记录植物种类,掌握植物标本的采集以及制作蜡叶标本的方法;

(2)学会植物检索表的使用和鉴定植物的方法;

(3)掌握植被调查的方法;

(4)整理资料,编写植被调查报告等工作;

(5)在典型地点进行土壤实习,了解峨眉山主要土壤类型形成的环境条件与分布规律的关系。

2)万年寺—初殿—遇仙寺—仙峰寺—九老洞

(1)掌握植被调查资料整理和调查报告编写的流程;

(2)通过典型地点的土壤实习,分析峨眉山主要土壤类型形成的环境条件与分布规律的关系。

3)峨眉山—报国寺—龙门洞—两河口—五显岗—清音阁—一线天—洪椿坪

(1)了解地貌形成过程及影响因素;

(2)了解碎屑岩侵蚀作用与侵蚀地貌。

4)报国寺—脚盆坝—张山—余山—新开寺—雷音寺—伏虎寺

(1)了解峨眉山上震旦统和下古生界沉积地层;

(2)掌握野外各种陆相沉积的野外识别特征和沉积相分析的基本观察方法。

3. 南京大学南京地区地理野外综合实习案例

南京位于中国东部、长江下游中部地区,是长三角辐射带动中西部地区发展的国家重要门户城市,地理坐标为北纬 31°14′~32°37′,东经 118°22′~119°14′,总面积为 6587.02 km²。

南京的地质类型在全国大地构造单元上属扬子古陆的北部边缘,基底主要是轻变质的片岩和变质的火山岩,实习地点主要分布在南京东郊汤山和六合一带,山前坡和谷地中普遍堆积着第四系下蜀黄土。地貌以低山丘陵为主,山体近东西走向。实习地区属亚热带季风气候,气候特点为:春季气候多变、夏季高温多雨、秋季天高气爽、冬季气候寒冷。年平均气温约 16.3℃,年降水量为 1026.1 mm。南京水域面积占总面积的 11% 以上,有秦淮河、金川河、滁河、玄武湖、莫愁湖、百家湖、石臼湖、固城湖、金牛湖等大小河流湖泊,长江穿城而过,沿江岸线总长约 280 km,境内共有大小河道 120 条。河湖水系主要属于长江水系,仅在六合区北部流入高邮湖、宝应湖的河流属淮河水系。南京土壤类型主要有地带性土壤和耕作土壤两种。地带性土壤在南京北部、中部地区为黄棕壤,在南部与安徽接壤处为红壤。经人为耕作形成的耕作土壤以水稻土为主,并有部分黄刚土和菜园土。土壤分布随地形起伏、水文条件呈现一定规律,可分为低山丘陵区、岗地区和平原地区三大类。据 1980—1987 年全国第二次土壤普查,南京境内土壤分为 7 个土类、13 个亚类、30 个土属和 66 个土种,总面积 41.63 万 hm^2。南京植被类型丰富,林木覆盖率 31.3%,建成区绿化覆盖率 45.16%,位居中国前列,是中国四大园林城市之一,有"绿都"之称。自然植被有针叶林、落叶阔叶林、落叶与常绿阔叶混交林、竹林、灌丛、草丛和水生植被 7 种类型,栽培植被有大田作物、蔬菜作物、经济林、果园和绿化地带 5 种类型。南京社会经济发展主要依靠汽车产业、钢铁产业、电子信息制造业和石化新材料四大支柱产业。

实习路线及目的要求:

主要路线为:汤山头南坡—葫芦洞—古泉水库—大石碑—火石峰—棒槌山—燕子矶—三台洞—栖霞山—南象山—下午旗—紫金山—灵谷寺—音乐台—六合方山南采场、北采场—雨花台—上坊余村—江宁方山。

1) 汤山头南坡—葫芦洞—古泉水库

(1) 认识南京地区古生界地层;

(2) 掌握沉积岩的野外观察方法;

(3) 学会断裂构造的野外识别和构造要素的测量;

(4) 认识构造地貌;

(5) 了解地下水的运动及泉的形成机制;

(6) 认识岩溶地貌。

2) 大石碑—火石峰—棒槌山

(1) 认识南京地区上古生界及中生界地层;

(2) 掌握沉积岩的野外观察方法;

(3) 掌握地层划分的基本方法;

(4) 学会断层、褶皱构造的野外识别和构造要素的测量。

3) 燕子矶—三台洞—栖霞山—南象山

(1) 认识部分古生代及中生代地层岩性特征及地层之间接触关系;

(2) 认识长江河流地貌特征、流水侵蚀情况及其对城市建设和土地利用的影响;

(3) 认识各种风化作用;

(4) 了解长江南岸黄土地貌、构造地貌、岩溶地貌的特征。

4) 下午旗—紫金山—灵谷寺—音乐台

(1) 了解三叠系上统黄马青组(T_3h)及侏罗系中下统象山群($J_{1-2}xn$)的岩性特征;

(2) 认识侵入黄马青组中的中性火成岩——闪长玢岩;

(3) 认识紫金山地貌,了解岩性、构造对地貌形成的影响;

(4) 认识山地黄棕壤的特征,学会土壤野外工作的基本方法;

(5) 识别紫金山植被类型,掌握植被调查的基本方法。

5) 六合方山南采场、北采场

(1) 认识上新统六合组河流沉积的岩性特征及层理类型和剖面结构;

（2）了解雨花石的成因；

（3）认识上新统方山组和下更新统尖山组火山碎屑岩及玄武岩、辉绿岩岩性特征，分析火山喷发旋回和相带，认识古火山地貌。

6）雨花台—上坊佘村—江宁方山

（1）认识雨花台组岩性特征，了解长江阶地的形成过程；

（2）观察佘村谷地的各种地貌类型，并分析其成因；

（3）观察方山的火山机构，分析古火山特征，了解秦淮河河流地貌。

4. 东北师范大学长白山地理野外综合实习案例

长白山地处吉林省东南部（北纬 41°35′～42°25′，东经 127°40′～128°16′），位于中国与朝鲜边境上，南北绵延超过 1300 km，东西宽约 400 km。长白山山地南部属于中朝准地台，北部属吉黑褶皱系。山地主要由花岗岩、玄武岩、片麻岩和片岩组成，而以花岗岩分布面积最大。玄武岩主要分布在牡丹江流域和长白山周围。长白山地貌以山地与山间盆、谷地相间分布为特征，同时熔岩高原分布广阔，分布在抚松到密山一线东南，熔岩台地经切割形成方山与孤丘等熔岩地貌。在熔岩高原上布有火山锥体及火口湖、堰塞湖等。长白山景区属于受季风影响的温带大陆性山地气候，除具有一般山地气候的特点外，还有明显的山地垂直气候变化。年均气温在 −7～3℃，7 月平均气温不超过 10℃。年降水量在 700～1400 mm，6—9 月降水占全年降水量的 60%～70%。湿度大，气压低，是长白山主峰气候的主要特点。

长白山是鸭绿江、松花江、图们江三大水系的发源地。流域内有松花江、牡丹江、穆棱河、倭肯河和挠力河等；长白山延续部分，即东面为图们江水系，有嘎呀河和布尔哈通河、海兰江等大支流；长白山脉的主脉部分，即西南地区的鸭绿江和辽河水系，其支流有浑江和浑河、太子河等。由于地质地貌、成土母质和气候等自然因素的差异，形成了长白山明显的土壤、植被垂直分布带谱。土壤自下而上依次为山地暗棕色森林土带、山地棕色针叶林土带、亚高山疏林草甸土带和高山苔原土带。植被从下到上依次为红松阔叶林带针叶林带、岳桦林带、高山苔原带。长白山社会除依靠旅游业带动经济外，还盛产人参、党参、贝母、天麻和五味子等名贵药材。

实习路线及目的要求：

主要路线为：二道白河镇—白云峰—长白山天池—长白飞瀑—二道白河阶地—红松阔叶林白浆化暗棕壤熔岩台地—针叶林山地棕色针叶林倾斜熔岩草原—岳桦林山地生草森林土高山—冰原山地冻原土高山—长白山自然博物馆。

1）二道白河镇—白云峰—长白山天池—长白飞瀑

从二道白河镇车行至长白山，步行至实习点，沿途的观察，使学生从总体上把握长白山自然保护区的自然特征。

2）二道白河阶地—红松阔叶林白浆化暗棕壤熔岩台地—针叶林山地棕色针叶林倾斜熔岩草原—岳桦林山地生草森林土高山—冰原山地冻原土高山—长白山自然博物馆

通过这几个主要实习点的调查研究，学生对垂直带有详细的了解，以点推线，以线推面，获得长白山北坡的整体自然特征，总结出自然地理环境的综合特征。

5. 台湾大学中央山脉地理野外综合实习案例

中央山脉位于中国台湾省本岛中部偏东,近南北走向。北起宜兰县苏澳附近的东澳岭,南抵台湾岛最南端的鹅銮鼻,纵贯台湾本岛南北,全长约 320 km,东西宽约 80 km。中央山脉是因海岸山脉推挤而隆起,现今中央山脉约以每年 1cm 的速度在成长,同时隆起区域也受到快速的侵蚀作用,导致山脉高度的降低,但总体来看隆升高度仍大于山脉被剥蚀降低的高度。该山脉主要由片岩、石英岩和片麻岩构成,东边为台东裂谷骤然截断,西边则降为较缓的山地。中央山脉纵贯全岛中央,有"台湾屋脊"之称,它将全岛分成东小西大不对称的两半,东部地势陡峻,西部地势较宽缓。中部及北部属亚热带季风气候,南部属热带季风气候,整体气候特征为夏季长且潮湿,冬季较短且温暖。中央山脉是台湾全岛各水系的分水岭,发育河流众多,如浊水溪、大甲溪、高屏溪及新武吕溪等,水力资源丰富。中央山脉地区的土壤类型主要有石质土、灰化土、红黄色灰化土、棕色森林土及黄棕色壤等。北部植被类型属亚热带季雨林,南部属热带季雨林和热带雨林。中央山脉环境优美,风光秀丽,物产丰富,旅游经济发达。

实习路线及目的要求:

主要路线为:高雄市—燕巢—甲仙—桃园—天池—海端—垦丁—台中—梨山—大庾岭—太鲁阁—清水。

1)高雄市—燕巢—甲仙—桃园—天池—海端—垦丁

(1)了解潟湖地形、泥火山地形和海岸地形形成过程及影响因素;

(2)掌握山区流水作用及河流地貌的特征。

2)台中—梨山—大庾岭—太鲁阁—清水

(1)了解海蚀地貌、风蚀地貌、断崖地形;

(2)掌握山区流水作用及河流地貌的特征。

1.3.3 地理实习的现状、问题和提升思路

1. 过程教学控制难以落实

存在问题:大部分高校野外综合实习仍采用传统的教师讲解和学生记录的方式,虽然大部分学生在教师的讲述中能认知或验证地理事物或现象,但是这种方式不能很好地引导学生观测、讨论和思辨。学生的思维局限在教师讲解的范畴内,对其综合分析与创新能力的培养不够。

提升思路:今后要着力优化实践课程的教学设计,实现知识学习前置,实习过程中采用研究型、互动式教学模式。整个实习阶段采用"教师为引导,学生为主体"的统一方法,充分发挥学生的主观能动性,提高学生合作研究的能力,注重信息化教学手段在野外实习中的应用。采用线上线下并举的方式,指导学生观察、测量、绘图和分析,以真正达到实践教学环节的目的,从而培养学生读图和识图能力、观察能力、动手能力、分析能力、创新能力和合作能力。

2. 前期准备和后期考核需进一步加强

存在问题:实习的前期准备不充分,学生文献资料调研不充分,对实习理解程度不高,

受制于实习基地仪器设备条件,仅有少数学生能够较熟练地掌握测量仪器仪表的操作,大部分学生只能根据教师或观测人员的讲解做操作记录。对很多学生来说,野外实习的结束就意味着整个野外实践课程的完结。

提升思路:前期准备是提高实习效率,保证实习效果的前提条件,实习基地建设是提升实习效果的核心,实习后的总结汇报是对野外实习效果的巩固和检验。后期应充分做好前期准备回顾,加强实习基地建设以及实习后的全面总结和多元化评价。具体做法是:指导教师在实习前设计好调查表格并进行分组培训,组织学生准备实习所需的仪器设备、资料与物品,做到目标明确、带着问题去观察地理事物与现象,从实习报告内容、学生实习表现等多方面进行评价。

3. 实践教学延伸性弱

存在问题:实践教学在特定时间段集中开展,实践结束后实习保障体系不复存在。

提升思路:今后要基于自主建设的教学基地探索形成贯穿全年、覆盖四季、融入日常的实践模式,全面提升实践教学的保障能力。

参考文献

[1] 威尔逊 A G. 地理学与环境:系统分析方法[M].北京:商务印书馆,1997.

[2] STRAHLER A H. Introducing physical geography[M]. New York:John Wiley & Sons,2010.

[3] GERRARD J. Mountain environments:an examination of the physical geography of mountains[M]. London:Belhaven Press,1990.

[4] PACIONE M. Applied geography:principles and practice[M]. London:Routledge,1999.

[5] 王建,张茂恒,徐敏,等.自然地理学实习教程[M].北京:高等教育出版社,2006.

[6] 伍光和,王乃昂,胡双熙,等.自然地理学[M].4 版.北京:高等教育出版社,2008.

[7] 肖荣寰,吕金福.地理野外实习指导[M].长春:东北师范大学出版社,1988.

第2章

青藏高原北缘及祁连山河西走廊概况

2.1 区域基本概况

2.1.1 青藏高原北缘

青藏高原北缘位于中国西部,是青藏高原的北部边界。它横跨新疆维吾尔自治区、青海省和甘肃省,位于北纬 35°~40°,东经 75°~105°,主要包括昆仑山脉、阿尔金山脉、祁连山脉、柴达木盆地,总面积约为 60 万 km^2。青藏高原北缘的海拔高度从柴达木盆地的 2600 m 左右,逐渐上升到山脉的 5000~7000 m,形成了独特的高原地貌。

青藏高原北缘是中国重要的生态屏障和水源涵养区,同时也是多条重要河流的发源地,如长江、黄河、澜沧江等。这一地区地形复杂,海拔高,气候寒冷干燥,生态环境脆弱,是中国重要的生态保护区之一。此外,青藏高原北缘也是古丝绸之路的重要组成部分,历史上曾是东西方文化交流的重要通道。现今,这一地区仍然是中国连接中亚、西亚的重要门户。

2.1.2 祁连山及河西走廊

祁连山脉位于中国青海省东北部与甘肃省西部边境,由一系列西北—东南走向的山脉和谷地组成,西起当金山口,东至黄河谷地,与秦岭和六盘山相连(北纬 35°30′~39°30′,东经 94°~103°),大部分山脉海拔在 4000 m 以上。东西长约 800 km,南北宽 200 km 以上。共有冰川 3306 条,面积约 2062 km^2(2019 年中国科学院地理科学与资源研究所发布数据)。

河西走廊位于甘肃省西北部,祁连山以北,合黎山以南,乌鞘岭以西(北纬 37°17′~42°48′,东经 93°23′~104°12′),为西北—东南走向的狭长低地,长约 1000 km,宽数千米至百余千米,海拔 1100~1700 m,总面积 21.5 万 km^2,约占甘肃省总面积的 50%。

祁连山和河西走廊是两个不同的自然地理单元,水资源这一纽带将它们联系在一起。祁连山是内陆河流石羊河、黑河和疏勒河的发源地和径流形成区,是河西绿洲非常重要的水源地。

2.2　区域自然地理概况

2.2.1　地质

青藏高原北缘的地质历史可以追溯到距今 4 亿～5 亿年前的奥陶纪,其后经历不同程度的地壳升降运动。2.8 亿年前,青藏高原是横贯亚欧大陆南部地区的海洋,与北非、南欧、西亚和东南亚的海域连通,称为"特提斯海"或"古地中海"。当时特提斯海地区的气候温暖,海洋动、植物发育繁盛,其南北两侧是已分裂的原始古大陆(泛大陆),南边的大陆称为冈瓦纳大陆,包括现在的南美洲、非洲、澳大利亚、南极洲和南亚次大陆,北边的大陆称为劳亚大陆,包括现在的欧洲、亚洲和北美洲。

2.4 亿年前,由于板块运动,分离出来的印度板块以较快的速度向北移动、挤压,使北部发生强烈的褶皱、断裂和抬升,促使昆仑山和可可西里地区隆升为陆地,随着印度板块继续向北挤压推动洋壳不断发生断裂,约在 2.1 亿年前,特提斯海北部再次进入构造活跃期,北羌塘地区、喀喇昆仑山、唐古拉山、横断山脉等隆升至海平面以上。距今 8000 万年前,印度板块继续向北漂移,又一次引起了强烈的构造运动。冈底斯山、念青唐古拉山地区地势急剧上升,藏北地区和部分藏南地区隆升成为陆地。至此,高原地貌格局基本形成。

青藏高原北缘受陆-陆碰撞影响,地壳大规模缩短使得青藏高原北缘的幔源岩浆活动强烈。青藏高原北部东昆仑区域发育有 3 条断裂,在这区域内,局部的拉长环境使得深部的热物质上升,其携带的大量热量与构造活动产生的热一起导致含水地幔发生部分熔融。大量的成矿物质从深部涌出并沿相应的构造带进行富集形成大量的矿产资源。

祁连山为昆仑秦岭地槽褶皱系的一个典型加里东地槽,褶皱迥返于陆相泥盆系磨拉石建造之前。祁连山的北界为塔里木-阿拉善地台,以大断裂为界。南界与东昆仑和西秦岭褶皱系间也为大断裂所切,两者沉积地层不同,如中吾农山-青海南山石炭、二叠系为冒地槽沉积,局部夹火山岩,而欧龙布鲁克隆起带寒武-奥陶纪时为地台型砂页岩碳酸盐建造,厚700～2000 m,假整合覆盖于上元古界全吉群之上。

河西走廊位于祁连山地槽边缘凹陷带。喜马拉雅运动时,祁连山大幅度隆升,河西走廊接受了大量新生代以来的洪积、冲积物。自南向北,依次出现南山北麓坡积带、洪积带、洪积冲积带、冲积带和北山南麓坡积带。

2.2.2　地貌

青藏高原北缘地貌主要由断块山与谷地组成。山间盆地和谷地海拔一般在 3000～4000 m,海拔 5000 m 以上的山峰很多,西段地势高,平行岭谷紧密相间。

祁连山地区地貌特征较复杂。山地西部延伸至亚欧大陆腹地,南北两翼具有明显的不对称性,南坡地势变化相对缓和,北坡陡峭,海拔落差大。此外,山间盆地和纵谷广泛发育,整个地势由东向西逐渐抬升。祁连山海拔 4500 m 以上的高山区上现代冰川发育。祁连山区多年冻土的下界高程一般为 3500～3700 m,大多数山地和一些大河的上游都发育着冰缘地貌。在冻土带以下的地貌作用中,流水作用起主导作用,祁连山西部风成作用较为明显。

河西走廊地势平坦,一般海拔在 1500 m 左右,沿河冲积平原形成武威、张掖、酒泉等大片绿洲,其余广大地区以风力作用和干燥剥蚀作用为主,戈壁和沙漠广泛分布,尤以嘉峪关以西戈壁面积广大,在河西走廊山地的周围,由于山区河流搬运下来的物质堆积于山前,形成相互毗连的山前倾斜平原。在较大的河流下游,还分布着冲积平原。这些地区地势平坦、土质肥沃、引水灌溉条件好,便于开发利用,是河西走廊绿洲主要的分布地区。

2.2.3　气候

青藏高原北缘属半干旱大陆性气候,其基本特点是:高寒、干旱,日照时间长,太阳辐射强,昼夜温差大,冬夏温差相较于同纬度地区较小,气候地理分布差异大,垂直变化明显,气温随海拔上升而递减,降水量随海拔上升而递增。海拔 3000 m 以上的北部地区及山区较寒冷,海拔 1700~2500 m 的河湟谷地较温暖。年平均气温 3.2~8.6℃,最高气温 33.5℃,最低气温 -25.1℃。年平均降水量 319.2~531.9 mm,多集中在 6—9 月,相对湿度一般为 57%~63.66%,蒸发量为 1275.6~1861 mm,风速为 1.9~2.5 m/s,最大风力为 8 级,多出现在冬末春初时期。年平均日照时数为 2708~3636 h,无霜期约为 90 d。

祁连山主要气候类型为大陆性高寒半湿润山地气候,气候特征主要表现为冬季漫长而寒冷干燥,夏季短暂而温凉湿润,全年降水主要集中在 5—9 月。从浅山地带向深山地带,气温递减,降水量递增,深山地带寒冷湿润,浅山地带温暖干燥。随着山区海拔的升高,各气候要素发生有规律地自下而上的变化,呈现出明显的山地垂直气候带,自下而上依次为:浅山荒漠草原气候带、浅山干草原气候带、中山森林草原气候带、亚高山灌丛草甸气候带、高山冰雪植被气候带。

河西走廊属大陆性干旱气候,降水稀少,许多地区年降水量不足 200 mm,云量低,日照时间较长,全年日照时间可达 2550~3500 h,光照资源丰富。河西走廊冬春两季常形成寒潮天气,气候干燥,冷热变化剧烈,风沙活动频繁。夏季降水来源于夏季风,自东向西年降水量逐渐减少,干燥度渐大。降水年际变化大,夏季降水占全年总量 50%~60%,春季 15%~25%,秋季 10%~25%,冬季 3%~16%。自东向西,云量减少,日照时数增加,多数地区为 3000 h,西部的敦煌高达 3336 h。年均气温为 5.8~9.3℃,昼夜温差平均 15℃左右。民勤年沙暴日 50 d 以上,而瓜州 8 级以上大风风日一年有 80 d,瓜州有"风库"之称。走廊主导风向多变,武威、民勤一带以西北风为主,嘉峪关以西的玉门、瓜州、敦煌等地,以东北风和东风为主。

2.2.4　水文

青藏高原北缘地貌复杂多样,水系发育,河流众多,主要河流有布哈河、沙柳河、乌兰阿兰河和哈尔盖河,这 4 条河流的年径流量达 16.12 亿 m^3。湖泊以青海湖为代表,大小湖泊星罗棋布。

祁连山水系呈辐射状分布。冷龙岭至毛毛山一线,再沿大通山、日月山至青海南山东段一线为内外流域分界线,此线以东的庄浪河、湟水及大通河(湟水的支流)皆汇入黄河,此线以西的河流皆为内流河。此线东南侧的庄浪河、湟水及大通河属外流水系；西北侧的石羊河、黑河、北大河、疏勒河、党河属河西走廊内陆水系；哈尔腾河、鱼卡河、塔塔棱河、阿让郭勒河属柴达木的内陆水系以及青海湖、哈拉湖两个独立的内陆水系。河流流量年际变化较小，而季节变化和日变化较大。

河西走廊水系以黑山、宽台山和大黄山为界分割为石羊河、黑河和疏勒河三大内流水系，均发源于祁连山，由冰雪融化水和雨水补给，冬季普遍结冰。各河出山后，大部分渗入戈壁滩形成潜流，或被绿洲利用灌溉，仅较大河流下游注入尾闾湖。

2.2.5　土壤

青藏高原北缘土壤主要为高山草甸土、灰褐色森林土。祁连山土壤类型主要为山地棕钙土、山地栗钙土、山地草原土、山地灰褐土、山地草甸土，局部有高山荒漠石质土和高山冰沼土。河西走廊西部为棕色荒漠土，中部为灰棕荒漠土，东部则为灰漠土、淡棕钙土和灰钙土。淡棕钙土分布在接近荒漠南缘的草原化荒漠地带，灰钙土分布在祁连山山前丘陵、洪积冲积扇阶地与平原区绿洲。灰棕荒漠地带的西端以石膏灰棕荒漠土为主，东端以普通灰棕荒漠土和松沙质原始灰棕荒漠土为主，东北部原始灰棕荒漠土和灰棕荒漠土型松沙土占比较高。盐渍土类广泛分布于低洼地区，自东向西，面积逐渐扩大，草甸土分布面积则自东向西缩小。

2.2.6　植被

青藏高原北缘灌木林以高山灌木林，温性荒漠灌木林和河谷地灌木林为主，其中高寒灌木林分布面积最大，主要森林植被类型为青海云杉、祁连圆柏、针茅、芨芨草。青藏高原北缘气候寒冷、干旱，生态环境脆弱，森林覆盖率低，多数地区乔木生长受到限制，而高山灌木林生命力强，耐高寒，根系发达，是青藏高原北部地区水源涵养林的主要组成部分，也是重要的水土保护林和高山护牧林。

祁连山植被的东西水平变化规律明显，由东向西随气候的干旱化，植被类型及其种类组成也表现为整体的规律性变化趋势。自海拔 2000 m 向上，植被垂直带分别为荒漠草原带、草原带、森林草原带、灌丛草原带、草甸草原带和冰雪带。其中森林草原带和灌丛草原带是祁连山的水源涵养区，大通河、石羊河、黑河等河流均发源于此，它是河西走廊绿洲的主要水源地。

河西走廊地带性植被主要由旱生灌木和乔木组成。东部荒漠植被具有明显的草原化特征，常见植物有珍珠猪毛菜群系、猫头刺群系、常见的荒漠种红砂、合头草、尖叶盐爪爪等，还伴生有沙生针茅、短花针茅、戈壁针茅、无芒隐子草、蒙古葱等。西部广布砾质戈壁和干燥剥蚀石质残丘。砾质戈壁分布有典型的荒漠植被，如红砂、膜果麻黄、泡泡刺、木霸王、裸果木等群落类型。流动沙丘常见有沙拐枣、籽蒿、沙米、沙芥等。固定沙丘常见有多枝柽柳、齿叶白刺、白刺等。疏勒河中、下游和北大河中游有少量胡杨和尖果沙枣林。湖盆低地、盐化潜水补给的隐域生境分布盐爪爪、盐角草等植被。河流冲积平原上分布芦苇、芨芨草、甘草、骆驼刺、花花柴、苦豆子、马蔺、拂子茅等植物组成的盐生草甸。

2.3　区域自然与人文资源

2.3.1　矿产资源

青藏高原北缘矿产资源丰富,有煤、沙金、盐类、油气、金属矿等,多数矿产开发利用条件相对较好,稀有金属是最具优势的矿产资源。

祁连山蕴藏着种类繁多且品质优良的矿藏,其中油气资源主要分布在祁连山西段托勒山北的玉门油区,铬铁矿主要分布于祁连山西段,锰矿则主要位于北祁连山中西段。除此之外,铅锌矿、锑矿、金矿等资源也具有较大的发展潜力。另外,祁连山地区盐湖资源较为丰富,大中型盐湖包括西部冷湖地区的东台吉乃尔、西台吉乃尔,德令哈地区的大柴旦、大浪滩等。

河西走廊矿产资源丰富,特别是有色金属矿产占据优势地位。镜铁山铁矿探明储量达 6 亿 t,金昌镍和铂族金属产量居全国第一。

2.3.2　水资源

青藏高原是长江、黄河、雅鲁藏布江等河流的发源地,但是其北缘区域水资源非常有限。近年来,青藏高原北缘地区地表水资源量($98.3 \times 10^8 \mathrm{m}^3$/10 年)及地下水资源量($58.0 \times 10^8 \mathrm{m}^3$/10 年)均呈明显上升趋势。在水资源量呈上升趋势的流域中,龙羊峡以上河段以及龙羊峡至兰州河段上升趋势显著,河西内陆河流域、青海湖流域、柴达木盆地流域亦呈十分显著的上升趋势。

祁连山共有冰川 3306 条,面积 2062 km^2 左右,约占中国冰川总面积的 3.7%,冰川总储水量约为 1145.0×10^8 m^3,相当于河西地区年径流量的 15 倍,冰雪融水主要补给河西走廊内陆河和山南的大通河。冰川沿山脊呈羽状分布。在东经 99° 以东的走廊南山、冷龙岭,降水条件较好,冰川数量多、规模小,多数是悬冰川和冰斗冰川;东经 99° 以西地区冷储大,冰川数量少但规模大,多数是山谷冰川,有大雪山、斑赛尔山索珠连峰、疏勒南山、土尔根达坂山和党河南山 5 个较大的冰川区。

河西走廊气候干旱,多数地区年降水量不足 200 mm,但由于祁连山冰雪融水丰富,故灌溉农业发达。以黑山、宽台山和大黄山为界将走廊分割为石羊河、黑河和疏勒河三大内陆河水系,均发源于祁连山,由于冰雪融水和雨水补给,冬季普遍结冰。河流流出嶙山口后大部分渗入戈壁滩形成潜流或被用于绿洲区灌溉,部分径流注入尾闾湖。

2.3.3　土地资源与土地利用

19 世纪 50 年代以来,青藏高原地区土地利用结构发生了剧烈变化,林地等自然地带面积减少,草地、水域、建设用地和耕地面积均增加。气候暖湿化和生态保护工程的实施使得青藏高原的林地面积由迅速减少转变为趋于稳定,未利用地面积持续减少,草地和水域面积显著增加,同时人口增长和经济发展所带来的建设用地和耕地扩张也较为显著。

在全球变暖的背景下,青藏高原北缘地区的水体正在发生剧烈变化,冰川加速融化、冰雪融水径流增加、湖泊显著扩张等导致了较大幅度的水域面积增加;建设用地的变化集中于青海主要城市,人口增长和社会经济的发展是建设用地扩张的主要驱动因素。未利用地变化的高值区主要分布在青藏高原地区西北部及南部的裸岩砾石地和东北部的裸土地区域,未利用地面积呈减少趋势,这也是气候的暖湿化和生态保护共同作用的结果。

祁连山地区的林草地面积呈现出先减少后增加的趋势。增加的原因在于祁连山加强了林草地管理与保护措施。祁连山的水域主要是河流与湖泊,但祁连山的水域面积相较于其他土地利用类型来说很小,总体趋势为逐年增加。

河西走廊耕地主要分布于山前平原。冲积扇上部组成物质以砾石为主,夹有粗沙,多难以开发利用。冲积扇中部和下部组成物质以沙土为主,适宜开垦为耕地。冲积平原土质较细,组成物质以亚沙土、亚黏土为主,成为耕地的主要分布区。在长期耕作灌溉条件下形成有机质含量高、土壤肥力强的土壤耕作层,为发展农业提供了优越的条件。河西走廊地区土壤类型及基本特征见表 2-1。

表 2-1　河西走廊地区土壤类型及基本特征

土类	亚土类	分布范围	基本特征
沼泽土	草甸沼泽土、盐化沼泽土	分布于海拔 1300～2000 m 的酒泉盆地细土平原滞水带	沼泽植被生长繁茂,积累大量的有机质,有机质以粗有机质与半腐有机质为主
盐土	草甸盐土、沼泽盐土、旱盐土、碱化盐土	分布于北大河沿岸和低洼的湖盆沿岸带	生长盐生植物,如芨芨草、芦苇等,地表有盐霜、盐结皮或盐壳
灌漠土	灌漠土、潮灌漠土、盐化灌漠土、暗灌漠土	分布于海拔 2600 m 以下的绿洲盆地的老灌区	是主要农业土地,灌淤熟化层厚,多为轻壤,沙壤和中壤次之,结构物理性能和化学性能好,以粒状为主,有机质含量一般为 1%～5%,耕层含盐量地下水位一般在 0～5 m,天然植物以绿洲的胡杨、怪柳、沙枣为主
潮土	潮土、潮湿土、盐化潮湿土	分布于海拔 2600 m 以下洪积平原泉水溢出的低洼地带	是绿洲区的主要农业土壤,是在草甸土、沼泽土和残余盐土上,经过排水脱盐、人为耕灌、熟化发育起来的,仅次于灌漠土的老耕作土壤。植物以绿洲区的草类和乔木为主
红黏土	耕种红黏土、红黏土	分布于酒西盆地海拔 1500～1800 m 的洪积平原上	呈明显的红色,含盐较重,结构为粒状或碎块状,耕性差,易板结。植被以荒漠、半荒漠植被为主
风沙土	流动风沙土、固定风沙土	分布于北大河北岸和赤金、嘉峪关以北的绿洲与戈壁接壤的低平地带	发育在风成沙性母质上,通层为沙或中间夹有胶泥层,结构松散,成分单一,有机含量低,植被以荒漠植被为主
灰棕漠土	灰棕漠土、石膏灰棕漠土	分布于酒泉盆地山前洪积平原的戈壁滩上,尤其在玉门市周围最发育	发育在砂砾质冲洪积平原上,地表有一层黑色砾幕和碳酸盐聚积物,土壤中有机质小于 0.5%,无明显的腐殖层,pH=8.0～9.5,土体干燥坚实
栗钙土	暗栗钙土、栗钙土、淡栗钙土	分布于海拔 2000～2500 m 的山前洪积倾斜平原根部,在洪水坝河以东的 6～9 级阶面上发育	植被以禾本科为主的干草原,降水量小于 250 mm,母质多为黄土状冲洪积物,呈黄色,腐殖质含量 3%～6%,碳酸钙积聚 pH 为 8.0～8.5,有机质含量较低

续表

土类	亚土类	分布范围	基本特征
亚高山草原土	草原土、草甸草原土	分布于海拔 2500～3000 m 的祁连山坡向洪积倾斜平原过渡区,在走廊南山最发育	植被以禾本科的紫花针茅、扁穗冰草为主,覆盖度 40%,土被不完整,土层厚 1 m 左右,土体通层石灰性反应强,30 cm 以下有明显的钙积层,土体普遍受到中度或强度侵蚀,pH 为 8.0～8.5
灰褐土	灰褐土、碱性灰褐土	分布于海拔 2600～3000 m 的祁连山北坡的针叶混交林带,区内在祁连山北坡的丰乐河一带	植被以云杉和祁连圆柏混交为主,气候稍干旱 A-B 层结构,土体通层石灰性反应强,pH 为 6.5～7.3,在第二种亚类中,碳含量可达 5% 以上
亚高山草甸土	亚高山草甸土、亚高山灌丛草甸土	分布于海拔 2800～3500 m 的林线以上,高山草甸之下	植被以灌丛为主,灌丛中有较多的银露梅和金露梅,覆盖度 80%～90%,啮齿动物较多,土层一般较厚,表层颜色较深,有机质含量 10%～15%,有明显的草根层,pH 为 4.0～7.8
高山草甸土	高山草甸土、高山灌丛草甸土	分布于海拔 3300～3800 m 高山山坡,尤以丰乐河两侧最发育	植被为高寒矮草草甸,覆盖度 40%～90%,年降水量约 400 mm,土层厚度约 50 cm,含腐殖质
高山寒漠土	高山漠土、高山寒漠土	分布于山区雪线以下	植被以地衣类结皮为主,覆盖度低,降水量大于 240 mm,层薄,母质为岩石风化碎屑,有机质含量低

2.3.4　旅游资源

青藏高原北缘地区旅游资源得天独厚,具有鲜明的高原地域特色。该地区不仅有中国最大的高原咸水湖青海湖,还有被称为"天空之境"的茶卡盐湖,以及颜色多样、形态各异的大柴旦翡翠湖等湖泊。青海湖环湖及周边景点还有日月山、倒淌河、湖里木沟岩画、橡皮山、茶卡盐湖、茶卡寺、伏俟古城、鸟岛、海心山、北向阳古城、舍卜吉岩画、尕海古城、金银滩草原、原子城西海镇、沙岛、西海郡三角城等。茶卡盐湖因盛产大青盐而驰名,成为中国首家绿色食用盐生产基地,近年来更是发展成为国际著名旅游胜地。祁连山的旅游资源也较为丰富,海晏县境内有青海湖沙岛、金银滩草原、原子城、西海古郡等景点,门源回族自治县西部是祁连山金牧场和环湖地区海拔最高的岗什卡雪峰,中部是国家 4A 级旅游景区百里油菜花海,东部是仙米国家森林公园,其间还有卡约、辛店文化遗址。河西走廊地区有祁连山草原、牛心山、黑河大峡谷等。

2.4　区域历史变迁

青藏高原北缘大部分地区位于青海省境内,在唐朝、宋朝属吐蕃管辖,元朝由宣政院管辖,明朝属朵甘都司管辖,清朝初为卫藏地,后分设西宁办事大臣,又称青海办事大臣。民国初设青海办事长官,后属甘边宁海镇守使,1928 年置青海省,省名至今未变。截至 2020 年,青海省辖 2 个地级市、6 个自治州,分别是西宁市、海东市、海北藏族自治州、海南藏族自治州、黄南藏族自治州、果洛藏族自治州、玉树藏族自治州、海西蒙古族藏族自治州。

祁连山地处甘肃、青海两省交界处,东起乌鞘岭的松山,西到当金山口,北临河西走廊,南靠柴达木盆地。地跨天祝、肃南、古浪、凉州、永昌、山丹、民乐、甘州八县(区)。

祁连山冰雪融水在河西走廊腹地形成了石羊河、黑河和疏勒河三大内陆水系,得益于这三大水系的灌溉滋润,河西走廊成为宜农宜牧的丰饶之地和名副其实的交通走廊。加之其东连关陇、西通西域、北达居延、南抵河湟的区位特点,河西走廊既是古丝绸之路的咽喉要道,也是"羌胡"联系的交通要道。河西归汉后,不仅在政治制度、经济形态、民族构成和文化习俗等方面发生了前所未有的变化,而且在政治军事和中西交通中的重要性也日益彰显。在此之前,当地人口主要是月氏、乌孙、氐、羌、匈奴等游牧民族,其生产活动以畜牧业为主。汉武帝两次进兵河西,大败匈奴,将原驻河西的匈奴降众悉数迁出,分别安置在陇西、北地等西北边郡塞外之"五属国",又从内地大量移民,并在河西驻军屯垦,先后设置了酒泉、武威、张掖、敦煌四郡。汉代的河西走廊,不但有"风雨时节,谷籴常贱""凉州之畜为天下饶"的富饶,更有"驰命走驿,不绝于时月,商胡贩客,日款于塞下"的繁荣。至隋唐时期,河西更是"夷夏"和睦、粮储丰富、牛羊被野的安定之区。

人口的迁徙促进了文化的交融荟萃。汉代以后,每当中原战乱动荡之际,就有大量人口迁入河西。其中,魏晋十六国时期内地"儒英"的大量迁入极大地促进了河西"本土世家学术"的发展,进而创造了独树一帜的"五凉文化"。北魏统一北方后,河西文化也随当地名流宿儒的内迁而回流中原,对北魏文化与制度产生了深远影响。河西走廊的多民族结构和农牧并举的经济结构促进了文化的交流融合。各民族之间在长期的交往交流中相互影响、相互促进、相互融合,共同创造了开放包容且具有鲜明地域特色的河西文化。尤其是随着丝绸之路的畅通繁荣,东来西往者络绎不绝,河西亦成为世界四大文明体系汇流之地,诸如佛教、祆教、景教、摩尼教等宗教也相继传入河西。不同文化在河西交汇,相互借鉴吸收、创新发展,进而向周边各地传播。由此可见,河西走廊作为古代丝绸之路交通的咽喉要地和民族交流融合的重要舞台,其经济文化的盛衰兴废与其独特的地理环境、多民族结构和政治军事形势的变化等息息相关。

参考文献

[1] 李吉均,方小敏.青藏高原隆起与环境变化研究[J].科学通报,1998(15):1569-1574.

[2] 吴绍洪,尹云鹤,郑度,等.青藏高原近30年气候变化趋势[J].地理学报,2005(1):3-11.

[3] 安芷生,张培震,王二七,等.中新世以来我国季风-干旱环境演化与青藏高原的生长[J].第四纪研究,2006(5):678-693.

[4] 施雅风,李吉均,李炳元,等.晚新生代青藏高原的隆升与东亚环境变化[J].地理学报,1999(1):12-22.

[5] 丁永建,叶佰生,刘时银.祁连山中部地区40a来气候变化及其对径流的影响[J].冰川冻土,2000,22(3):193-199.

[6] TONG H L,SHI P J,BAO S H,et al. Optimization of urban land development spatial allocation based on ecology-economy comparative advantage perspective [J]. Journal of urban planning and development,2018,144(2):1-14.

[7] JI J F,SHEN J,BALSAM W,et al. Asian monsoon oscillations in the northeastern Qinghai-Tibet

Plateau since the late glacial as interpreted from visible reflectance of Qinghai Lake sediments[J]. Earth & planetary science letters,2005,233(1-2)：61-70.

[8]　ZHU G F,LIU Y W,SHI P J,et al. Stable water isotope monitoring network of different water bodies in Shiyang River basin, a typical arid river in China[J]. Earth system science data,2022,148：3773-3789.

第2篇

实习区划分与实习指导

第3章

实习区划分

3.1 划分原则

（1）综合分析原则：任何自然区域都可以看作由不同自然地理要素构成的整体。与其他自然区域相比，它既表现出一定的一致性，也表现出一定的差异性。因此，在划分实习区时，必须全面分析区域整体特征、各自然要素的区间差异性、区内一致性，以及导致其出现差异性的地域分异因素。把错综复杂的地理因素加以综合分析，得出具有综合性意义的指标，根据自然区域的差异性和相似性，划分各实习区。

（2）主导因素原则：对区域特征的形成和不同区域的分异有重要影响的组成因素。为了使实习区划分更加明确和实习内容更加有针对性，在划分时，可从众多的地理因素中找出起主导作用的自然因素作为划分实习区的依据。

（3）可操作性原则：实习区的划分不仅要考虑自然地理要素，还要结合交通、经济、生活保障等社会要素，划分结果要有较强的可操作性。

3.2 划分方案

3.2.1 按流域划分

将实习区划分为青海湖流域、石羊河流域、黑河流域和疏勒河流域。

1. 青海湖流域

青海湖流域地处青藏高原东北部，既是连接青海省东部、西部和青南地区的枢纽地带，又是通达甘肃省河西走廊、西藏自治区、新疆维吾尔自治区的主要通道。

青海湖流域亦称青海湖盆地，整体轮廓呈椭圆形，自西北向东南倾斜，是一个封闭的内陆盆地，其水体形状很像一只"翱翔的雄鹰"。四周山峦起伏，河流纵横。北部为大通山，东部日月山是青海省农业区与牧业区的分水岭，西部高原丘陵带与柴达木盆地相接，周围山峰多在海拔 4000 m 以上，最高处为西北部海拔 5291 m 的岗格尔肖合力山。从相对高度 2000 m 左右的山岭到湖面之间，呈环带状发育着宽窄不一的侵蚀构造地貌、堆积地貌和风积地貌。

2. 石羊河流域

石羊河流域位于河西走廊东段,南面祁连山前山地区为黄土梁、黄土峁地貌及山麓洪积冲积扇,北部以砂砾荒漠为主,并有剥蚀石质山地和残丘,东部为腾格里沙漠,中部为武威盆地。

石羊河水系是由大靖河、古浪河、黄羊河、杂木河、金塔河、西营河、东大河、西大河八条河流及多条小河组成,除大靖河外,中部6条河流于武威城附近汇成石羊河,入红崖山水库后进入民勤盆地,最后消失在民勤县东湖镇以北的沙漠中,西大河及东大河部分在永昌城北汇成金川河,入金川峡水库后进入金昌盆地。石羊河流域面积4.16万 km²,多年平均径流量15.60亿 m³,出山口以上为上游,以下至红崖山水库为中游,红崖山水库以下为下游,全长250 km。

3. 黑河流域

黑河流域介于大黄山和嘉峪关之间。大部分为砾质荒漠和砂砾质荒漠,北缘多沙丘分布。黑河流域在张掖、临泽、高台之间及酒泉一带形成的大面积绿洲,是河西走廊的重要农业区。

黑河水系由干流及其支流山丹河、洪水河、大渚马河、梨园河、马营河、洪水坝河、丰乐河、北大河等河流组成,流域面积14.29万 km²,多年平均年径流量24.75亿 m³,随着用水量的不断增加,部分支流逐步与干流失去地表水力联系。黑河干流有东西二源,东源八宝河发源于景阳岭,西源野牛河发源于铁里干山,东西两河在祁连县的黄藏寺汇合后向北流,经鹰落峡出山进入河西走廊,经正义峡进入额济纳旗后分为两支,东支流入苏泊淖尔(东居延海),西支流入嘎顺淖尔(西居延海)。黑河干流多年平均径流量为15.8亿 m³,鹰落峡以上为上游,以下至正义峡为中游,正义峡以下为下游,全长821 km。

4. 疏勒河流域

疏勒河流域位于河西走廊西端,南临阿尔金山东段、祁连山西段,北临马鬃山,中部走廊为疏勒河中游绿洲和党河下游的敦煌绿洲,绿洲外围有面积广阔的沙漠戈壁,疏勒河下游则为盐碱滩。

3.2.2　按地貌单元划分

1. 山地

1) 干燥剥蚀山地

年降水量一般在200 mm以下,由干燥剥蚀作用形成的山地。干燥剥蚀中山主要有鸣沙山、三危山、截山子、宽台山、黑山、合黎山等,皆呈荒漠山地景观。干燥剥蚀高山有马鬃山、龙首山以及榆木山以西沿祁连山北麓的照壁山、鹰咀山、大红山等。

2) 流水侵蚀山地

海拔3000 m左右,山地年降水量200~400 mm,分布在河西走廊。祁连山东段北部前山地带,土层深厚,草木繁茂,外营力以流水侵蚀为主,如榆木山、九条岭、大黄山、天梯山等。

3）冰川冰缘作用高山

祁连山东段的冷龙岭、毛毛山平均海拔为 3500 m,高峰 4000～5000 m,雪线 4200～4400 m,少数高峰终年积雪,并有少量冰川发育。中段走廊南山,海拔 4000 m 左右,祁连山主峰海拔 5547 m,雪线 4500 m,山脊高峻狭长,冰川发育较多。西段大雪山、疏勒南山、党河南山与疏勒河、党河的谷地相间排列,山脊海拔 4000 m 以上,最高峰为疏勒南山的岗则吾结(团结峰 5808 m),雪线以上终年积雪,现代冰川发育。

2. 丘陵

本实习区域丘陵主要为风蚀丘陵,分布在河西的马鬃山地区和合黎山、龙首山北部地区。马鬃山丘陵是准平原化的古老山地,在风化作用下,形成大片丘陵、孤山和山间盆地。丘陵海拔在 1500～2000 m,但相对高度仅在 100～500 m。地面岩石裸露,植被稀少,呈荒漠化丘陵景观。

3. 平原

1）冲积平原

河西走廊南、北盆地受祁连山北麓三大内流水系的冲积,形成许多独立的冲积平原,包括石羊河水系中下游的武威、民勤平原;黑河水系中下游的张掖、高台平原和鼎新平原;北大河水系中下游的酒泉、金塔平原;疏勒河中下游的玉门、瓜州平原;党河中游的敦煌平原。

2）洪积-冲积平原

洪积-冲积平原主要分布在河西走廊合黎山、龙首山以北,张掖、酒泉和疏勒河下游一带。此外,在祁连山脉的山间谷地中也有分布。这些地区地势平坦、土质肥沃、引水灌溉条件好,便于开发利用,是河西走廊绿洲主要的分布地区。

4. 高原

本实习区域内的高原主要分布在青藏高原北缘,包括青海湖、茶卡盐湖和大柴旦翡翠湖等。

5. 盆地

柴达木盆地是中国四大内陆盆地之一,属封闭性的巨大山间断陷盆地,位于青海省西北部,青藏高原东北部。四周被昆仑山脉、祁连山脉与阿尔金山脉环绕,面积约 25.8 万 km^2 (2020 年中国国家测绘地理信息局发布数据)。柴达木盆地为高原型盆地,海拔 2600～3000 m,是我国四大盆地中地势最高的盆地。柴达木盆地属高原大陆性气候,以干旱为主要特点。年降水量自东南部的 200 mm 递减到西北部的 15 mm,年均相对湿度为 30%～40%,最小可低于 5%。

柴达木盆地年平均气温均在 5℃ 以下,气温变化剧烈,风力强盛,年 8 级以上大风日数可达 25～75 d,风力蚀积强烈。柴达木盆地不但盐蕴藏量丰富,而且含有丰富的石油、煤,以及多种金属矿藏,如冷湖的石油、鱼卡的煤、锡铁山的铅锌矿等。因此柴达木盆地有"聚宝盆"的美称。

3.2.3　按实习要素划分

1. 地质

主要是构造、断裂、地层等。

2. 地貌

冰川冻土地貌：冷龙岭等。
丹霞地貌：张掖彩色丘陵、冰沟丹霞等。
沙漠、戈壁地貌：青土湖、腾格里沙漠、鸣沙山月牙泉、雅丹国家地质公园等。
盆地地貌：柴达木盆地、敦煌盆地、民乐盆地等。

3. 气象

气象站：乌鞘岭国家气象站、武威市农业气象站、大冶口科研气象站等。

4. 水文

水文站：九条岭水文站、蔡旗水文站、正义峡水文站、鹰落峡水文站等。
水库：南营水库、西营水库、红崖山水库、小海子水库等。
水电站：龙首梯级水电站等。
小流域：西营河、冰沟河等。
湖泊：青海湖、茶卡盐湖、翡翠湖等。

5. 植被

森林：八步沙林场、宁缠河林场、哈西林场等。
植物园：武威沙生植物园等。
草原：康乐草原等。
湿地公园：张掖国家湿地公园等。

6. 土壤

土壤类型：荒漠土、草甸土、灰褐土等。

7. 人文社会经济

敦煌莫高窟、嘉峪关长城、敦煌光热发电站、敦煌古城、玉门关遗址、雷台汉墓、天梯山石窟、六老汉纪念馆等。

3.2.4　综合划分方案

1. 青藏高原北缘实习区

青海湖；
茶卡盐湖；

翡翠湖。

2．石羊河流域

祁连东段山区；

河西走廊东部；

尾闾湖及沙漠区-青土湖、腾格里沙漠。

3．黑河流域

祁连中段山区；

河西走廊中部；

尾闾湖及沙漠区-居延海、巴丹吉林沙漠。

4．疏勒河流域

祁连西段山区；

河西走廊西部；

尾闾湖及沙漠区-哈拉奇、库姆塔格沙漠。

参考文献

[1] 竺可桢.竺可桢文集[M].北京：科学出版社,1979.
[2] 郑度.中国生态地理区域系统研究[M].北京：商务印书馆,2008.
[3] 全国农业区划委员会.中国农业自然资源和农业区划[M].北京：农业出版社,1991.
[4] 中国科学院自然区划工作委员会.中国气候区划[M].北京：科学出版社,1959.
[5] 傅伯杰,刘国华,欧阳志云.中国生态区划研究[M].北京：科学出版社,2013.
[6] 水利部水资源司,水利部水利水电规划设计总院.全国重要江河湖泊水功能区划手册[M].北京：中国水利水电出版社,2013.
[7] 程维明,周成虎,李炳元,等.中国地貌区划理论与分区体系研究[J].地理学报,2019,74(5)：839-856.
[8] 刘彦随,张紫雯,王介勇.中国农业地域分异与现代农业区划方案[J].地理学报,2018,73(2)：203-218.

第4章

实习指导

4.1 实习概况

4.1.1 实习目的

1．知识与技能

（1）实地考察青藏高原北缘、祁连山及河西走廊的地质地貌、气象水文、植被与土壤等自然地理要素,人口、产业结构和土地利用等人文地理要素,并综合分析各种地理现象之间的相互联系与影响;

（2）通过在不同实习基地了解观测系统和操作观测仪器,进一步了解和掌握基本的野外观测方法;

（3）深入观察特色实习区主要地理要素,如冰川、高原湖泊、尾闾湖、绿洲等。

2．过程与方法

通过教师讲解、仪器操作、实地观测和社会调研等过程和方法,学生对地理学理论知识有更深刻的认识和理解,同时掌握基本的野外调查方法,提升利用地理学专业知识认识地理现象和规律,以及发现、分析和解决地理问题的能力。

3．情感、态度与价值观

（1）培养学生用地理视角观察认识地理环境的意识;

（2）帮助学生树立人地协调的思想和可持续发展观;

（3）培养学生认识自然、爱护家园的家国情怀;

（4）学习科研工作者不慕名利、无私奉献的科学精神;

（5）培养学生吃苦耐劳、组织协调和团结协作的能力。

4.1.2 实习要求

（1）学生能够识别常见的地质地貌、植被与土壤类型,了解各种气象水文要素的观测原理;

（2）学生能够掌握基本的野外调查方法,利用所学的专业知识认识地理现象和规律,发现、分析和解决地理问题;

（3）学生能够了解实习区特殊的地理现象,如冰川、尾闾湖、绿洲等,并且能够分析其变化及成因机制。

4.1.3　主要实习点

1. 青藏高原北缘地区

2. 祁连山及河西走廊地区

4.1.4　主要实习要素与内容

1. 地质地貌

识别并鉴定常见的岩石、矿物;测量地层和岩石产状;正确识别褶皱与断层;了解常见的地质地貌类型;了解各类特殊地形地貌的发育过程。

2. 气象与水文

通过不同方法对不同的气象与水文要素,如风速、温度、湿度、降水、河流泥沙、地下水等进行观测。

3. 植被与土壤

了解实习区植被类型与分布情况,掌握实习区不同区域的土壤类型及其物理性质和化学性质;学会辨别各类代表性植被,根据不同植被生长习性,推测当地地理要素的基本状况,同时重点观察并总结植被的垂直地带性分布规律。

4. 特色实习区要素

除一般实习要素之外,还需要认识与了解特色实习区的实习要素,如冰川、尾闾湖、绿洲等,进一步观察实习区的一些特殊地理现象。

4.1.5　实习线路规划方案

1. 大环线实习线路规划（表 4-1）

表 4-1　大环线实习线路规划

时　　间	地　　点	主　要　内　容
第 1 天	兰州—青海湖—茶卡盐湖	青海湖、茶卡盐湖
第 2 天	茶卡盐湖—大柴旦翡翠湖	大柴旦翡翠湖
第 3 天	大柴旦翡翠湖—敦煌	青藏高原北缘地貌
第 4 天	敦煌	莫高窟、鸣沙山月牙泉、中国科学院沙漠观测站

续表

时　间	地　点	主　要　内　容
第 5 天	敦煌	雅丹地貌、光伏发电厂
第 6 天	敦煌—酒泉	嘉峪关长城遗址
第 7 天	酒泉—张掖	正义峡、骆驼城
第 8 天	张掖	西路军纪念馆、高台湿地链、张掖湿地公园
第 9 天	张掖	冰沟丹霞、七彩丹霞、康乐草原
第 10 天	张掖	扁都口、马蹄寺、大马营盆地
第 11 天	张掖	大冶口水库、黑河遥感站、张掖湿地公园
第 12 天	张掖—民勤县	平山湖、阿拉善左旗、民勤
第 13 天	武威	沙生植物园、青土湖、红崖山水库
第 14 天	武威	张义盆地、天梯山石窟
第 15 天	武威	八步沙、白塔寺
第 16 天	武威—兰州	返程

2. 河西走廊实习线路规划（表4-2）

表 4-2　河西走廊实习线路规划

时　间	地　点	主　要　内　容
第 1 天	兰州—酒泉	酒泉市人文历史特征与城市发展布局
第 2 天	酒泉—敦煌	嘉峪关长城遗址、中国科学院沙漠观测站
第 3 天	敦煌	鸣沙山月牙泉、光伏发电厂
第 4 天	敦煌	莫高窟、雅丹地貌
第 5 天	敦煌—酒泉	天宝景区、西汉酒泉胜迹公园
第 6 天	酒泉—张掖	鹰落峡、七彩丹霞
第 7 天	张掖	祁连山森林生态系统国家定位观测研究站、马蹄寺
第 8 天	张掖	冰沟丹霞、康乐草原、石窝会议遗址、张掖国家湿地公园
第 9 天	张掖	小海子水库、骆驼城、西路军纪念馆、正义古城、正义峡水文站
第 10 天	张掖	红沟村丹霞、明长城临泽段
第 11 天	张掖	东灰山遗址、扁都口、山丹军马场
第 12 天	张掖—民勤	平山湖大峡谷
第 13 天	民勤	青土湖、治沙研究所
第 14 天	武威	黄洋河河口、张义盆地、哈溪林场、天梯山石窟
第 15 天	武威—兰州	八步沙、乌鞘岭

3. 内陆河实习线路规划（表4-3）

表 4-3　内陆河实习线路规划

时　间	地　点	主　要　内　容
第 1 天	兰州—张掖	张掖市人文历史特征与城市发展布局
第 2 天	张掖	小海子水库、骆驼城、高台革命烈士陵园、镇夷城遗址、正义峡、张掖湿地公园

续表

时　间	地　点	主 要 内 容
第 3 天	张掖	冰沟丹霞、康乐草原、七彩丹霞
第 4 天	张掖	东灰山遗址、扁都口、山丹军马场、永固城遗址、八卦营汉墓群遗址
第 5 天	张掖	西水林场、鹰落峡、大佛寺
第 6 天	张掖	马蹄寺
第 7 天	张掖—武威	文庙、雷台汉墓
第 8 天	武威	洪水河桥、蔡旗桥水文站、红崖山水库、治沙研究所、青土湖
第 9 天	武威	夷平面、祁连山山麓剥蚀面、金塔河河漫滩及河流阶地、南营水库、祁连盆地
第 10 天	武威	白塔寺、天梯山石窟、黄羊河水库、张义盆地
第 11 天	武威	武威濒危野生动物保护中心、武威市沙漠公园
第 12 天	武威—兰州	返程

4.2　背景资料与实习指导

4.2.1　地质地貌

1. 常见矿物的鉴定

1）利用矿物的形态鉴别矿物

不同的矿物具有不同的化学成分和内部结构,还有独特的晶体形态,可以根据矿物特有的晶体形态来识别矿物。

2）利用矿物的光学性质鉴别矿物

矿物的光学性质包括矿物的颜色、条痕、透明度和光泽等,这是矿物对光线的吸收、反射、折射时呈现的外观特性,可以作为鉴别矿物的一个特征,再结合其他鉴定特征共同识别矿物。

3）利用矿物的力学性质鉴别矿物

矿物在受到刻、划、敲打等外力作用下表现出来的特性,称作矿物的力学性质,如解理、断口和硬度等。

4）利用化学测试方法鉴别相似矿物

有些矿物的外形还有物理性质相近,仅凭肉眼观察或简单工具测试不易区分。化学定量测试作为肉眼鉴定的辅助手段,能够准确地区分相似矿物。

2. 常见岩石类型的识别

在野外,可以根据岩石的外观特征如颜色、结构(组成岩石的矿物的结晶程度、晶粒相对大小、晶体形状及矿物之间结合关系等)、构造(组成岩石的矿物集合体的大小、形状、排列和空间分布等)、粒度(指碎屑颗粒的绝对大小)、圆度(指碎屑颗粒的棱角被磨蚀圆化的程度)、球度(指碎屑颗粒接近球体的程度)等用肉眼判断是哪一类岩石。

1) 火成岩

火成岩由两类岩石组成:一类是岩浆作用形成的岩浆岩;另一类是非岩浆作用形成的。火成岩以岩浆岩为主,岩浆岩是岩浆活动的产物。火成岩主要识别标志有:喷出岩溢出地附近保存明显的火山活动痕迹,如火山口、火山锥、熔岩流和柱状节理等,岩浆岩的结构反映了岩浆结晶的特点。侵入岩中的各种矿物结晶良好,属全晶质结构,如花岗岩等。喷出岩是隐晶质或玻璃质,有的形似煤渣状,用肉眼分辨不出其中的矿物成分。岩浆岩中的矿物或矿物集合体在空间排列及填充方式上有如下特点:岩石中矿物颗粒的排列不具有方向性,但呈均匀分布;岩石无论在颜色上还是在粒度上,都是不均匀的,夹杂熔岩流动的痕迹,表现出不同颜色的条纹和拉长的气孔,有挥发成分逸散后留下的孔洞,这种构造往往为喷出岩所有。有气孔被后来的次生矿物所充填而形成的杏仁状构造;除火山碎屑岩外,岩浆岩不具备层理构造,不含化石。

2) 沉积岩

沉积岩的主要识别标志如下:沉积岩的颜色、成分和结构表现出明显的层状结构,不同的岩层叠置在一起好像一部巨厚的"书"。因此,层理构造是沉积岩最重要的构造特征之一,也是区别于岩浆岩和变质岩的最重要标志。沉积岩除层理构造外,它的层面上经常保留自然作用产生的一些痕迹,这经常标志着岩层的特性,并反映沉积岩的形成环境:①波痕:由风、流水和波浪作用在层面上留下的一种波状起伏痕迹;②泥裂:又叫龟裂,指在黏土质或沙质沉积岩表面,由于干燥收缩而形成的不规则的多边形裂纹;③雨痕:雨滴打击未固结的细粒沉积物在其表面留下的痕迹。

沉积岩的结构有:①碎屑岩结构,特点是岩石可分为碎屑和胶结物两部分;②泥质结构,多为黏土矿物形成的结构;③化学结构,是通过化学溶液沉淀结晶而成;④生物结构,由生物遗体或碎片组成,如介壳结构等;⑤生物遗迹,指岩层中含有古代动物和植物的遗迹或遗骸,即化石,这是沉积岩的重要特征,但不是所有的沉积岩都具有此特征。

3) 变质岩

变质岩以其特有的变质矿物、结构和构造而区别于岩浆岩和沉积岩。变质岩含有仅在变质作用下才能形成的变质矿物。最常见的具有特征性的变质矿物有:滑石、石墨、红柱石、石榴子石、蓝闪石、绢云母、绿泥石和阳起石等。

变质岩的结构:①变晶结构:在变质过程中矿物重新结晶所形成的结构。最常见的变晶结构有等粒变晶结构,其矿物晶粒大小大致相等,互相镶嵌严实,不具有定向排列,如大理岩、石英岩等。斑状变晶结构,其与岩浆岩的斑状结构相似,在细粒的基质上分布一些大的晶体——变斑晶,如某些片麻岩和片岩常具有这种结构。鳞片状变晶结构,其片状矿物(云母、绿泥石等)定向排列,如各种片岩。②变余结构:由于重结晶作用不彻底,原岩的矿物成分和结构特征可以被保留下来,也称残余结构。③压碎结构、交代结构等。

变质岩的构造:变质岩中最常见的片理构造也是鉴别某些变质岩的重要根据之一。岩石中片状、纤维状和细柱状矿物,在压力作用下呈平行排列的薄片状结构叫作片理构造。具体可分为如下几类:①板状构造:岩石易剥成板状,破裂面光滑平整,肉眼难以分辨矿物颗粒;②千枚状构造:在岩石的破裂面上可看到强烈的丝绢光泽和皱纹;③片状构造:岩石中大量片状矿物和粒状矿物都呈平行排列,构成较薄而清晰的片理。

3．地层和岩石产状测量

1）要素：走向、倾向、倾角

测量走向时，使罗盘的长边紧贴层面，将罗盘放平，水准泡居中，读指北针或指南针所示的方位角，也就是岩层的走向。测量倾向时，将罗盘的短边紧贴层面，水准泡居中，读指北针所示的方位角，就是岩层的倾向。测量倾角时，需将罗盘盘向朝上，使长边与岩层的走向垂直，紧贴层面，等倾斜器上的水准泡居中后，读悬锤所示的角度，即为岩层的倾角。

2）表示方法

如一组走向为北西 320°，倾向南西 230°，倾角 35°的岩层产状，一般分别写成：N320°W，S230°W，<35°。在地质图上，长线表示岩层的走向，与长线垂直的短线表示岩层的倾向（长短线所示的均为实测方位），数字表示岩层的倾角，可记录为 S230°W，<35°。

4．褶皱和断层的野外识别

1）褶皱的野外识别

褶皱形成后一般遭风化侵蚀作用，背斜核部由于节理发育易于风化，可能形成河谷低地，而向斜核部则可能形成山脊。在野外，大部分岩层因为剥蚀破坏而露头不好，不能直接观察，应该垂直于岩层走向进行观察，当岩层重复并出现对称分布时可断定有褶皱构造。顺于或逆于倾向方向，地层重复出现，倾角变化有规律。

2）断层的野外识别

多数断层因其断面附近岩石破碎，易风化、剥蚀，所以露头不好，往往被沉积物覆盖，观察要仔细，常从以下证据来识别。①构造岩：角砾岩——断裂破碎的岩石，大小不等，棱角分明，碎块再胶结成岩，角砾与两侧岩性一致。②糜棱岩：逆掩断层常见，挤压断裂带中，碎块很小再胶结成岩。③断层泥：断层两面三盘挤压摩擦的极细泥状物。④密集的节理：断层面是较大的破裂面，同时伴生许多小破裂面，称为节理，节理方向常与断层方向大致平行。⑤擦痕和镜面：擦痕为断面上平行而密集的沟纹；镜面为断面上局部平滑光亮的面。⑥阶步：擦痕及镜面末端常出现"坎"。⑦牵引褶皱：断层两侧岩层相对位移时，受摩擦阻力影响出现弯曲，可指示对盘位移方向。⑧地层重复或缺失：断层能够破坏地层序，造成地面上某些地层的重复或缺失，重复或缺失情况与断层的性质、断面及岩层产状有关。⑨地形证据：负地形由断层附近风化、剥蚀的长期外力作用造成。⑩断层崖：大而陡的断面出露呈悬崖或陡崖状，有流水可成瀑布。⑪断层三角面：平列平行的山脊，被走向与其垂直的正断层切割，上升盘露出，山脊横切面呈三角形。

5．地质背景

青藏高原东北缘地区由于其特殊的地理位置和地质现象，一直以来都是地质学家研究的热点地区，不同学者对青藏高原东北缘地区开展了大量的研究。有学者认为，远程碰撞效应是与印度板块与亚欧板块碰撞同时产生的，也有部分学者认为，这是在印度板块与亚欧板块碰撞之后的晚渐新世-上新世产生逐渐响应机制。同时，青藏高原东北缘地区在印度板块与亚欧板块碰撞之前的中生代的隆升事件及碰撞产生的远程效应，使得中亚地区产生了一系列的陆内造山带，如祁连山地区、天山地区。北祁连山位于青藏高原的东北缘，现今地貌特征被认为是印度板块与亚欧板块碰撞的远程效应产生的,不可否认的是,北祁连山存在多期隆升事件。但是每期的隆升时间和机制仍存在争议,部分学者认为,青藏高原东北缘始新世期间的抬升冷却剥露与酒泉西北地区有限的火烧沟组沉积相耦合,这个时期的断裂活动在昆仑山地区和西秦岭等地也广泛发育,是印度板块与亚欧板块碰撞快速响应的结果,而中新世时期酒泉盆地的物源发生变化,从北部的黑山-宽滩山转为南部的北祁连山,标志着此期变形事件在北祁连山更有意义,可能与后期青藏高原的地壳增厚有关,或者与阿尔金断裂由高原外的构造演化转为祁连山和昆仑山—海原断裂区的构造演化相关,同时与造成多期的变形事件与青藏高原东北缘地区所处的地块边界——长期继承性的岩石圈薄弱带有关。

祁连山是一个典型的加里东地槽,其褶皱迥返属于陆相泥盆系,在磨拉石建造前就已经形成。北祁连山及河西走廊中下泥盆与古生界及加里东晚期花岗岩存在不整合关系;祁连山在加里东晚期才褶皱成山体,从地槽转变为地台,并长时间处于演变阶段,因此晚古生代、新生代都属于地台型盖层沉积形式。祁连山以北是塔里木—阿拉善地台,并以大断裂为分界线,南界与东昆仑、西秦岭褶皱系之间的分界线也是在大断裂作用下形成的,但是这两者的沉积层是存在差异的。

河西走廊是震旦纪及古生代褶皱为基底的中新生代断陷-坳陷盆地。印支运动使祁连山褶皱隆起,并向北推挤,形成一系列北西西向的小型断陷盆地;在燕山运动早期就形成了河西走廊的雏形,经历了侏罗系早期强烈的沉陷和晚期的下降、上升运动的相持阶段,积累大量陆相及河湖沉积,形成一套以砂岩、砾岩为主,并夹有泥灰岩的沉积地层;白垩纪、第三纪又经历了上升剥蚀和强烈沉降运动的影响,接受了巨厚的中新生代砂岩、砾岩及泥岩沉积,喜山运动使祁连山继续隆起并向两侧推覆,致使走廊地区的中新生代地层褶皱,形成山前背斜隆起带及向北推覆的逆掩断裂。

6. 常见地貌类型的辨认

1)丹霞地貌

丹霞意为"色泽渥丹,灿若明霞"。丹霞地貌是以陆相为主,红层发育具有陡崖坡的一种地貌,是巨厚的红色砂岩、砾岩组成的方山、奇峰、峭壁、岩洞和石柱等特殊地貌的总称。丹霞的红色主要是胶结物中高价铁离子所致。地表流水的冲蚀、磨蚀、垂直地表发育的构造节理是其主要成因。以中国广东省韶关市仁化县境内的丹霞山为典型,具有顶平、坡陡、麓缓的形态特点。丹霞地貌的发育需具备物质基础、构造基础、外力条件。我国丹霞地貌在亚热带湿润区、温带湿润区、半湿润区、半干旱和干旱区、青藏高原高寒区都有分布。不同的气候带产生的外力组合以及晚近地质时期环境的变迁,都不同程度地影响了丹霞地貌的发育进程和地貌特征的继承与演变。

2)河流地貌

河流地貌是河流作用于地球表面,经侵蚀、搬运和堆积过程所形成的地貌的总称。河流根据平面形态、河型动态和分布区域的不同,可以分为不同的类型,依平面形态可分为顺直型、弯曲型、分叉型和游荡型;按河型动态主要分为相对稳定型和游荡型两类。山区与平原的河流地貌有各自不同的发育演化规律与特点。山区河流谷地多呈 V 形和 U 形,纵坡比降较大,谷底与谷坡间无明显界限,河岸与河底常有基岩出露,多为顺直河型;平原河流的河谷中多厚层冲积物,有完好宽平的河漫滩,河谷横断面为宽 U 形或 W 形,河床纵剖面较平缓,常为光滑曲线,比降较小,多为弯曲、分汊与游荡河型。地貌类型中包括侵蚀与堆积地貌两类,前者有侵蚀河床、侵蚀阶地、谷地、谷坡等;后者含河漫滩、堆积阶地、冲积平原、河口三角洲等。河流阶地是河流地貌中重要的地貌类型,可以分为侵蚀阶地、堆积阶地、基座阶地和埋藏阶地。

3) 冰川地貌

冰川地貌是由冰川的侵蚀和堆积作用形成的地表形态。现代冰川覆盖地球陆地表面约11％的面积,主要分布在极地、中低纬的高山和高原地区。第四纪冰期,欧、亚、北美的大陆冰盖连绵分布,曾波及比今日更为宽广的地域,给地表留下了大量冰川遗迹。冰川地貌可分为冰川侵蚀地貌和冰川堆积地貌。冰川侵蚀地貌是冰川冰中含有不等量的碎屑岩块,在运动过程中对谷底、谷坡的岩石进行压碎、磨蚀、拔蚀等作用,形成一系列冰蚀地貌形态,如冰川擦痕、磨光面、羊背石、冰斗、角峰、槽谷、峡湾、岩盆等。冰川堆积地貌是冰川运动中或者消退后的冰碛物堆积形成的地貌,如终碛垄、侧碛垄、冰碛丘陵、槽碛、鼓丘、蛇形丘、冰砾阜、冰水外冲平原和冰水阶地等。

4) 风积地貌

风积地貌是风力堆积作用形成的地表形态。它是在干旱与半干旱气候及风沙来源丰富的条件下,经风力搬运作用后堆积形成的。风积地貌的物源多来自古河流冲积物、现代河流冲积物、冲积-湖积物、洪积-冲积物、冰水堆积物、基岩风化后的残积-坡积物。影响风积地貌发育的因素很多,主要是含沙气流结构、风向和含沙量。例如,风的类型(有单风向、双风向与多风向);风速的大小、起沙风的合成方向;地面起伏程度;地面组成物质的粗细与多少;地面的水分与植被分布状况等。风积地貌的基本类型是沙丘。沙丘的主要类型有新月形沙丘和沙丘链、复合新月形沙丘和沙丘链、抛物线沙丘、纵向沙垄、新月形沙垄、复合型纵向沙垄、金字塔沙丘、蜂窝状沙丘、沙地等。

5) 风蚀地貌

风蚀地貌是风力吹蚀、磨蚀地表物质所形成的地表形态。主要类型有①风蚀石窝:陡峭的迎风岩壁上风蚀形成的圆形或不规则椭圆形的小洞穴和凹坑,大的石窝称为风蚀壁龛。②风蚀蘑菇:孤立突起的岩石经风蚀作用而成的蘑菇状岩体,又称石蘑菇、风蘑菇。③雅丹地貌:河湖相土状堆积物地区发育的风蚀土墩和风蚀凹地相间的地貌形态,其发育过程是:挟沙气流磨蚀地面,地面出现风蚀沟槽。磨蚀作用进一步发展,沟槽扩展为风蚀洼地。洼地之间的地面相对高起,成为风蚀土墩。④风蚀城堡:水平岩层经风蚀形成的城堡式平顶山丘,又称为风城。⑤风蚀垄岗:软硬互层的岩层中经风蚀形成的垄岗状细长形态,一般发育在泥岩、粉砂岩和砂岩地区。⑥风蚀谷:风蚀加宽加深冲沟所成的谷地,谷地无一定的形状,风蚀谷不断扩大,原始地不断缩小,最后仅残留下一些孤立的小丘,即风蚀残丘。⑦风蚀洼地:松散物质组成的地面经风蚀所形成椭圆形的成排分布的洼地,较深的风蚀洼地若以后有地下水溢出或存储雨水即可成为干燥区的湖泊,如中国呼伦贝尔沙地中的乌兰湖等。

6) 冻土地貌

冻土地貌指处在大陆性寒冷气候条件下的高纬度极地或亚极地地区以及高山高原地区,由于降水量很少,尽管温度很低,大都不能形成冰川而是广泛发育冻土。因此,凡属上述地区,由于缺少冰雪覆盖,土层直接暴露于地表,从而导致土层中热量不断散失(年平均吸热量小于放热量),引起地温的逐步下降,导致在土层下部形成多年冻结层。这样的土层称为冻土或永久冻土。冻土的主要外力作用是冻融作用。

7) 祁连山矿产调查

祁连山脉是中国西部主要山脉之一,现代意义上的祁连山地质调查开始于 19 世纪 70 年代。调查结果表明,各时代地层大致分布及储存矿产如下:中晚元古界分布于北祁连和中祁连等地,储存有金、铜、铅、锌、铁、钨、锰等矿产;寒武系分布于北祁连,储存的矿产有铜、铅、锌、金、磷、钒、铀等矿产;奥陶系主要分布于北、中、南祁连,储存的矿产有铜、铅、锌、金;志留系分布于南、北祁连,储存的矿产有铜、金、铁、铅、锌;泥盆系分布于北祁连,矿产有金、铅、锌、汞;石炭系分布于北、中、南祁连,储存的矿产有煤、金、铁、铅、锌;二叠系在南、北祁连,储存矿产有金、铁、煤;三叠系主要分布于南、北祁连,储存矿产有金、汞、锑;侏罗系在祁连山有分布,储存的矿产有煤、石油;白垩系在祁连山有较广泛分布,储存的矿产有煤、石油;新生界在祁连山分布广泛,储存的矿产有石膏、盐类、沙金等。油气主要分布在祁连山西段托勒山北的玉门油区。铬铁矿主要分布在祁连山西段,锰矿主要分布在北祁连山中、西段。祁连山地区的铅锌矿、锑矿、金矿资源仍有相当大的资源潜力。

4.2.2　气象水文

1. 气象站与常规气象要素的观测

野外气象要素的观测主要包括温度观测、湿度观测、风速观测、风向观测、降水量观测、蒸发量观测、日照时数和辐射量观测等。考虑到野外气象要素观测的随时性、连续性等特点,自动气象站可以为观测提供便利。

ZC-QX01 型自动气象站用于对风向、风速、降水量、空气温度、空气湿度、光照强度、土壤湿度等七个气象要素进行全天候现场观测。RYQ-2 型小型自动气象站又名自动气象站、移动式自动气象站、森林防火气候观测站、气象数据采集系统、校园气象站、旅游景区自动气象站、高速公路自动气象站、田间小气候观测、土壤墒情气候观测仪等,主要用来对室外气象环境中的空气温度、相对湿度、风速、风向、大气压力、太阳辐射、光照度、雨量等参数的研究。BSQX009 型和 ZDQX006 型自动气象站可观测风速、风向、温度、湿度、气压、降水量、辐射、照度、蒸发等多种气象要素,可广泛应用于气象、环保、农林、水文、工农业生产、旅游、城市环境监测、仓储、科学研究等领域(图 4-1)。

自动气象站由气象传感器、微型计算机气象数据采集仪、电源系统、防辐射通风罩、全天候防护箱和气象观测支架、通信模块等部分构成,能够用于对风速、风向、降水量、空气温度、空气湿度、光照强度、土壤温度、土壤湿度、蒸发量、大气压力等十几个气象要素进行全天候现场监测。通过专业配套的数据采集通信线与计算机连接,将数据传输到数据库中,用于统计分析和处理。

2. 水文站与常规水文要素的观测

1) 水位观测

水位观测常用的装置有水尺(图 4-2)和水位计(图 4-3)。水尺是水面高程的观测设备。实测时,水尺上的读数加水尺零点高程即得水位。水位计是利用浮子、压力和声波等因素提

图 4-1 自动气象站（依次为 ZC-QX01、RYQ-2、BSQX009、ZDQX006 型自动气象站）

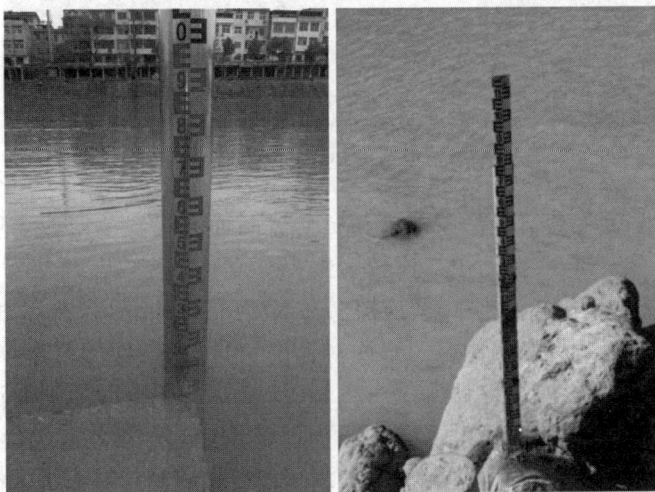

图 4-2 水尺

供水面涨落变化信息的原理制成的仪器，能直接绘出水位变化过程线。水位计记录的水位过程线，应利用其他观测的项目记录加以检核。

水尺、水位计设置在河道顺直、断面比较规则、水流稳定、无分流斜流和无乱石阻碍的地点；一般避开有碍观测工作的码头、船坞、有大量工业废水和城市污水排入的地点，使测得的水位和同时观测的其他项目资料具有代表性和准确性；为使水位与流量关系稳定，一般需要避开变动回水、上下游筑坝和引水等因素的影响。

图 4-3 水位计

2）流量观测

目前进行断面流量自动测量的主要方式有以下 6 种：缆道自动测流、超声波时差法测流、声学多普勒流速测流（ADCP）、水工建筑物（涵闸）测流、水位比降法测流、雷达水表面波测流。

缆道自动测流是适合我国国情的一种测流方式。经 50 多年的发展，技术设备较为成熟，其中全自动缆道测流系统测流精度可达到 92%～95%。该方法由人工一次性启动缆道测流装置后，可自动测量全断面测点流速和垂线水深，并自动计算出断面面积和流量。由于缆道测流的测量精度较高，且不需要进行率定，在系统工程中主要是用于不规则断面的流量测量，以实现对主要测流断面的流量控制（图 4-4）。

图 4-4　铅鱼缆道雷达波测流系统

超声波时差法自动测流站工作原理为在测量流断面上设置单层或多层超声波换能器斜交叉布置在河两岸，超声波换能器由二次仪表控制，从河道的一岸顺流发射超声波，另一岸接收，然后再反向进行工作，根据顺流、逆流传输测到的时间差，计算出相应水层的平均流速，另外一换能器向上发射超声波，遇到水面时反射，再由同一换能器接收回波，最后根据时间差测出水深（也可选用压力水位计测量水深）。如果是规则流断面则通过水位算出断面面积，通过流速积分和人工标定的流量系数计算出流量，其测量精度在 5% 以内。该仪器的最大优点是在线连续测量，缺点是在断面较宽、水浅和含沙量较高的情况下无法使用（图 4-5）。

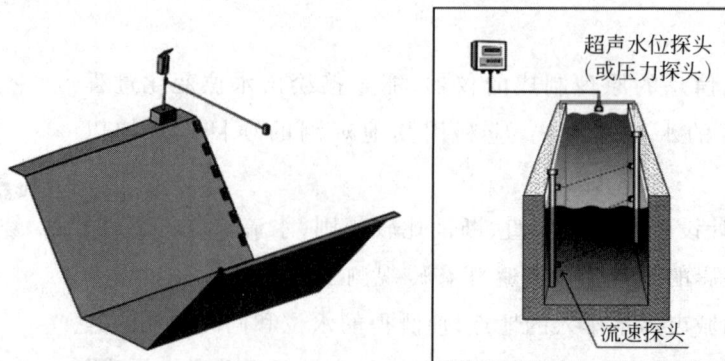

图 4-5　超声波时差法测流系统

声学多普勒流速测流仪是利用声学多普勒原理研制的,是目前世界上最为先进的河流流速流量实时测量设备,其流量计采用一体化结构,将换能器和电子部件集中在一个密封容器内,工作时全部浸入水下,通过防水电缆传输信息,它可作为独立的流量计进行流量在线实时监测,但水位测量有误差。对于宽度较小的河流,最好用浮子式流量计进行测量,主机可安装在河岸或渠壁的基座上。对于宽河流,可安装在河岸、渠壁、桥墩或其他建筑物侧壁上。声学多普勒流速测流仪最大优点是安装方便,可靠性高,价格低廉,比较适用于河道测流(图 4-6)。

图 4-6　声学多普勒流速测流仪

走航式声学多普勒流速测流法是一种需渡河载体的游动式测流设备,因为它一次能同时测出河床的断面形状、水深、流速和流量,适用于大江大河的流量监测。流量计由河这岸向对岸穿行测量一次,即可测出经过各点的水深以及流速的大小和方向,将流速矢量对河床水流断面进行积分,便得到河床流量。因为采用的是矢量积分,所以所测流量的大小与流量计渡河路径无关。

水工建筑物(涵闸)测流是根据闸门上下游水位及闸门开度,通过水位、闸位、流量关系曲线求出对应的过水流量。其优点是只要准确地测量出上下游水位及闸门开度,即可换算出过流量,但不足之处是需人工进行标定,确定经验公式的相关系数。

典型的闸流流量公式:

$$Q = \frac{3CBH_0}{2}$$

式中:Q 为流量,C 为流量系数,B 为过水总净宽,H_0 为上游水头。

其中 H_0 的计算如下:

$$H_0 = MA\sqrt{Z}$$

式中:A 为过流断面面积,Z 为上下游水位差,M 为综合流量系数。

由于受水工建筑物的结构、闸门形状和下游出水口的流态等多种因素影响,流量系数不易准确确定,需要通过人工测量来确定流量关系曲线,因而其测量精度不高。

水位比降法测流是通过测量河流上一段距离的上下游水位及水面坡度,设定河流的糙率系数,根据曼宁经验公式推算流量。当测流河道的水流不是自由流,水位受上下游水工建筑物的影响较大时无法推算流量。另外,此方法精度不高,在比降不大的河段更是不准确,故本方法在此是不可行的。

雷达水表面波测流是先用雷达水表面波进行多个点位水面流速测量,再用推算流量法由水表面流速推算河道流量(图4-7为雷达流量计)。此方法精度不高,受外界因素影响较大,如风、雨等,另一关键因素是雷达测速仪在水表面流速低于0.5 m/s时测量误差较大,所以用雷达测速仪做在线实时监测很难实现。

图 4-7　雷达流量计

3) 河流泥沙观测

河流中的泥沙,按其运动形式可分为悬移质泥沙、推移质泥沙和河床质泥沙三类。悬移质泥沙浮于水中并随之运动,推移质泥沙受水流冲击沿河底移动或滚动,河床质泥沙则相对静止而停留在河床上。三者没有严格的界线,随水流条件的变化而相互转化。一般情况下,河流中泥沙以悬移质泥沙为主。描述河流中悬移质泥沙的情况常用的两个定量指标是含沙量和输沙率。单位体积内所含干沙的质量称为含沙量,用 C_S 表示,单位为 kg/m^3。单位时间流过河流某断面的干沙质量称为输沙率,以 G_S 表示,单位为 kg/s。断面输沙率是通过断面上含沙量测验配合断面流量测量来推求的。

含沙量的测量和测验:一般需要用采样器从水流中采取水样(图4-8)。我国目前使用较多的采样器有横式采样器和瓶式采样器。不论用何种方式取得的水样,都要经过量积、沉淀、过滤、烘干、称重等操作,才能得出一定体积浑水中的干沙质量。

水样的含沙量可按下式计算:

$$C_S = \frac{W_S}{V}$$

式中: W_S 为水样中的干沙质量(kg), V 为水样体积(m^3)。

输沙率测验:由含沙量测定与流量测验两部分工作组成。由于断面内各点含沙量不同,为了测出含沙量在断面上的变化情况,需在断面上布置适当数量的取样垂线,通过测定各垂线测点流速及含沙量,计算垂线平均流速及垂线平均含沙量,然后计算部分流量及部分输沙率。

对于取样垂线的数目：当河宽大于 50 m 时,取样垂线不少于 5 条；水面宽小于或等于 50 m 时,取样垂线不少于 3 条。垂线上测点的分布,视水深深浅以及要求的精度而不同。

图 4-8　河流泥沙量观测仪器

4）地下水观测

我国的地下水动态监测从 20 世纪 60 年代开始展开,主要通过建设地下水监测井。早期采用人工监测水位和水温,而目前通过自动监测水位和水温、人工采集水样化验的方式,掌握了大量的监测资料,为地下水资源评价和开发利用奠定了扎实的基础,为水资源可持续利用和管理提供了可靠的依据。

地下水监测主要包括①地下水位动态监测：宜采用已有的水井、地下水的天然露头或工程中的钻孔、探井等进行。当钻孔易堵塞时,可在钻孔中安装过滤器进行监测。②水质监测：应定时取水试样,按监测的目的、要求进行水试样的物理、化学成分分析。当地下水可能被污染时,应在不同范围、不同深度取水试样进行化验分析,以检查污染水的空间分布和污染程度。

地下水位监测：利用地下水水位/水温自动记录仪进行观测(图 4-9)。

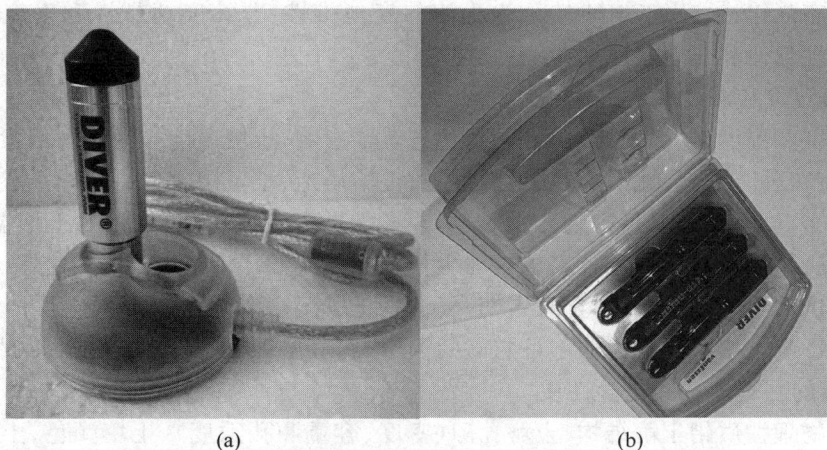

(a)　　　　　　　　　(b)

图 4-9　地下水观测仪器

(a) Mini Diver 型地下水位观测仪；(b) SY64-CTD-DIver 型地下水监测仪

水位监测计算：为了确定水位变化量，采用水准仪测量的方法测定水位管口高程，由下式计算水位管内水面的高程：

$$D_S = H_S - h_S$$

式中：D_S 为水位管内水面高程（m），H_S 为水位管口高程（m），h_S 为水位管内水面与管口的距离（m）。

若当期（第 i 次）观测水位高程为 D_S^i，上期（第 $i-1$ 次）观测水位高程为 D_S^{i-1}，则当期水位变化量为：

$$\Delta D_S^i = D_S^i - D_S^{i-1}$$

4.2.3　土壤和植被

1. 土壤

1）土壤调查

土壤调查的具体内容是：确定植物生长的限制性因子；调查待绿化土壤类型的面积及分布情况；调查待绿化土壤的成土条件；调查待绿化土壤的原有植物种类、生长状况；确定土壤的主要物理性状和化学性状；调查本地改良和利用土壤的经验；土壤调查结果分析与应用；编写土壤调查报告；土壤调查资料应用与适生植物选择。要求考虑一般性指标和限制性因子。除此之外，人们需通过土壤采样来进行土壤属性空间的预测，而土壤调查样点布设研究是了解地区土壤属性空间的基础和关键环节，直接影响着土壤科学研究的深度以及土壤制图的精度问题。

2）土壤分异规律

道库恰耶夫认为，所有成土因素在地表均呈带状或地带性分布，它们的延伸方向或多或少地与纬线平行，那么土壤在地表的分布依赖于气候、植物等因素，也具有地带性规律。但是土壤的实际分布状况非常复杂，C. A. 莫宁认为，土壤分布规律可分为五种表现形式：水平地带性、垂直地带性、地方性、微域性和隐域性。我国很多土壤地理学家研究土壤分布规律，将其分为四种情况：①广域、中域和微域三个尺度；②地带性规律、地方性分布规律和耕作土壤分布规律；③分布规律性分为土壤纬度地带性、非纬度地带性和垂直等地带性；④土壤地带性规律和非地带性规律。

3）土壤温度和湿度

土壤温度和湿度对大气环流和气候变化有重要影响，土壤温度与区域性因素除与海拔、经度、纬度有关外，还与局地因素，如地表覆盖、土壤质地、土壤湿度等有关，土壤湿度与大气降水、植被、土壤类型、气温等密切相关。干旱-半干旱区荒漠草地分布广，土壤温度变化剧烈、土壤湿度低，极大地影响了荒漠植被的生长及区域气候环境。有学者研究了天山北坡融雪期土壤湿度的影响因子，得出在融雪期，气温是土壤湿度变化的最大影响因子。雪深和土壤温度也是影响土壤湿度变化的不可忽略的因子，和海温一样，具有变化缓慢的特点。

4）土壤的物理性质和化学性质

土壤的物理性质指土壤结构、土壤孔隙（密度、容重和孔隙度）、土壤颜色、土壤质地、土壤颗粒分级、土壤热量（热容量、导热性）、土壤温度等。化学性质指土壤胶体性质、土壤酸碱性、酸碱反应、氧化还原反应和土壤 pH 等。土壤物理性质和化学性质与土壤生物活动密切相关,互为影响。例如,钙饱和所形成的土壤结构远优于钠饱和的土壤,植物根系和蚯蚓的活动、有机质的分解产物则是形成土壤良好结构性的基础。土壤的物理性质也直接或间接地影响土壤养分的保持、移动和有效性,制约土壤生物特性以及植物根系的定植、穿插和摄取土壤中水分和养分的能力。

2. 植被

1)植被调查

一个地区生长的所有植物称为这个地区的植被,即地方植被。植被类型主要有热带雨林、常绿阔叶林、落叶阔叶林、亚寒带针叶林、草原和荒漠等。植被调查由植被内容调查和植物种类调查两部分组成。

植被调查的内容包括植被分布与面积、植被种类、植被类型和植被变化情况。植被种类调查需要将该地各种植被类型进行详细记录,包括品种、名称等,并对罕见种、特有种以及濒危种进行特殊标记。植被类型调查需要对该地区的植被类型进行记录和分析,最终确定群落结构的特点。

植物种类调查步骤包括调查地点、调查物候和调查方法选择。要求所选择的调查地点通常不会受到严重人为干扰,在植被调查过程中,应包含多个调查线路,调查路线具体数量与调查的生态环境以及面积紧密联系,调查目标植物时,地点的选择应建立在植被生态类型和生活习性基础上。物候期选择应重点选择植物开花、结实等关键生长期,同时应在不同的季节展开调查工作,从而使获取的标本和资料具有典型性和准确性。调查方法应根据调查区域、植物种类和植物资料确定,并有针对性地对资料进行补充和完善。

2)典型高山区和干旱区陆地生态系统代表植物的识别

现有植物叶片识别方法都是基于扁平状叶片,而干旱区植物叶片多呈针叶状。植物叶片作为植物的一个重要结构,形状稳定,长期存在,是植物自动化识别分类的重要信息源,所以众多研究者选择植物叶片作为植物分类的识别依据。因此,植物叶片颜色、纹理、叶脉、形状特征等常用于区分不同的植物类别。一种植物识别技术是通过手动翻阅查询植物检索表等书籍来进行植物识别,这也是最常见且使用最为广泛的植物识别方式;另一种植物识别技术是借助计算机的图像处理技术可以完成植物的外观特征的分析,通过提取大量数据特征进行聚类分析获得结果,国内开发了农业生物特征识别系统——植物叶片识别系统(BSA-RSPL),利用计算机等装置对物体、图像、图形、语音、字形等信息进行自动识别,即用计算机替代人的模式识别能力。

3)植物蒸腾作用观测

蒸腾作用是指植物体表(主要指叶片)的水分通过水蒸气的形式散发到空气中的过程。植物蒸腾作用观测包括植物蒸腾耗水量和蒸腾速率两部分。蒸腾耗水量的测定可以通过准确测定植株上升的液流量实现,其方法有:染料法、放射性同位素示踪方法、磁流体动力学方法、蒸渗仪方法、蒸馏器的方法和快速称量等方法,以及近年不断应用成熟的热脉冲方法、热平衡方法以及热扩散方法等。

4)植物光合作用观测

光合作用是植物叶片的核心功能,其运转状况可用来表征植物的健康状况与活力。测定光合速率的方法可分为测定有机物质积累量的改良半叶法和植物生长分析法,测定植物气体交换的氧电极法和红外线气体分析法,测定光能吸收与激发能传递的叶绿素荧光法等。

4.2.4 特色实习区、实习要素

1. 内陆湖

西北地区干旱少雨,植被稀疏,是典型的干旱、半干旱生态脆弱区,对全球气候变化响应十分敏感。内陆封闭湖泊是气候变化和波动最敏感的指示器,具体表现为湖泊水位的升降、面积的扩大与缩小、湖水盐度的变动等。内陆湖泊是干旱、半干旱地区水资源的重要组成部分,开展干旱、半干旱地区内陆湖泊的演化与成因分析,分析气候变化与人类活动对湖泊的影响,对合理开发和利用旱区的湖泊资源具有重要意义。

根据地理位置、流域地貌特点、水资源特征及人类活动影响程度,湖泊大致可分为三类:①山地湖泊。这类湖泊,流域高山区存在常年性冰川(冰川融水对维持湖泊的存在发挥了巨大作用),湖盆海拔较高,且较狭窄,湖泊水体幽深,水资源储量比较稳定,由于流域多山地,可居住区较小或其他原因,人口密度小。整个流域,自然行为过程占优势,人类影响较弱,如赛里木湖和哈拉湖。②山地-盆地湖泊。这类湖泊,处在山麓与盆地过渡带;整个流域内山地占有一定比例,湖泊主要由山地降水与冰川融水补给,河流一般出山口后就泻入湖泊;湖盆较为开阔,流域内人类活动较为强烈,但还未对湖泊的变化产生决定性的影响,如青海湖和博斯腾湖。③盆地低地湖。这类湖泊多位于巨大盆地的最低洼处,河流出山口后,在山前冲积平原区存在强烈渗漏,或被引入灌区或被水库拦截,除在丰水年外,往往入湖前便已断流,人类活动已严重影响了湖泊的自然状态;储水湖盆平阔,湖水浅。这类湖泊矿化度高,大多已演化到咸水湖或盐湖阶段,或者逐渐走向消亡,如察尔汗盐湖、巴里坤湖等。从湖泊历史演化角度来看,这些湖泊已演进到老年期,湖盆浅宽,不利于湖水的稳定储存,并且极易受人类不合理的环境开发行为影响。

2. 冰川

冰冻圈是指地球表层连续分布并具有一定厚度的负温圈层,亦称冰雪圈、冰圈或冷圈。祁连山是我国西部重要的生态屏障,其高寒山区属性,一直是国际冰冻圈研究的神秘地带。有关科研机构和高校,就高寒山区径流形成机制、气候变化和人类活动影响下冰川冻土的变化及其生态水文效应等,开展了大量研究。

祁连山被誉为"河西水塔",石羊河、黑河和疏勒河三大内陆河都发源于此。祁连山由多座高山组成,海拔一般在 3000～5547 m(《中国山地志》(2023)),4000 m 以上的山地面积占整个山区的三分之一,高大的山峰截住了气流和云团,在高山发育了众多的雪山和冰川。祁连山已查明共有冰川 3306 条,总面积 2062 km^2,储水量约 1320 亿 m^3,这是一个巨大的固体水库。冰川是宝贵的淡水资源,在西部干旱区冰川更是河水的主要来源。祁连山 1 号冰川位于甘肃省肃南裕固族自治县大河乡西岔河村老虎石沟源区的祁连山腹地,是摆浪河的水源地,当地又称老虎石冰川。在中国冰川编目中,名为黑河流域-摆浪河 21 号冰川。2013年甘肃民间户外组织攀登,将其定名为五一冰川,后经当地政府命名为祁连山 1 号冰川。该冰川属大陆型冰斗山谷冰川。冰川谷壁地势高峻、中间低洼,形似半月。冰川面积 1.51 km^2,长度约 2.5 km,冰层平均厚度 40～50 m,最高冰峰海拔 5103 m,冰舌前沿海拔 4390 m。整体冰川大部分为透明冰,对光照的反射极为强烈。

3. 绿洲

绿洲是一种干旱地区特有的自然地理现象,河西走廊是典型的干旱区,年降水量普遍低于 200 mm,蒸发量高达 2000 mm 以上,绿洲区几乎完全依赖径流维持。河西走廊共有 56 条河流维持着多个绿洲,走廊内大部分河流都是发源于祁连山地区,靠祁连山的山区降水、冰雪融水和地下水作为补给来源,其中黑河和疏勒河受冰雪融水补给量较大。石羊河、黑河、疏勒河三大水系的几十条河流,展布在广阔的走廊平原之上,为河西走廊提供了丰富的水资源。

武威绿洲和民勤绿洲:自东而西,石羊河的主要支流有古浪河、黄羊河、杂木河、金塔河、西营河、东大河及西大河等,全部发源于祁连山。流域水资源总量为 16.59 亿 m^3(其中地表水 15.6 亿 m^3,纯地下水 0.99 亿 m^3)。石羊河流域是中国内陆河流域中人口最密集、水资源开发利用程度最高、用水矛盾最突出、生态环境问题最严重的流域之一。石羊河由南向北流经武威后流向民勤县,浇灌出一片长 140 km、最宽处约 40 km 的绿洲——民勤绿洲,有效阻止了北部巴丹吉林沙漠和南部腾格里沙漠合拢,是保护河西走廊生态安全的重要生态区。

张掖绿洲:黑河是我国第二大内陆河,其流域内水系包括大小 30 多条支流,均发源于祁连山;中游地区绿洲、荒漠、戈壁、沙漠断续分布;正义峡以下为下游,属于马鬃山至阿拉善台块的戈壁沙漠地带,地势开阔平坦,气候非常干燥,植被稀疏,是戈壁沙漠围绕天然绿洲的边境地区。张掖位于黑河中游的洪积扇上,来水量较为稳定,也因为地处中游,它的用水量直接影响到下游绿洲的存亡,从 2000 年起,黑河开始实施“水分”制度,对张掖地区的用水做出了限制。

玉门绿洲:疏勒河流域处于河西走廊西部,干旱少雨多风,年均降水量不足 50 mm,年均蒸发量则高达 1860 mm,年均气温 7～9℃,属于典型的温带大陆性干旱区。疏勒河中下游绿洲主要分布在疏勒河干流沿岸及其支流榆林河谷地、昌马河谷地和党河谷地,其中以玉门、瓜州和敦煌三个绿洲最为著名。

4. 尾闾湖

在地理学上,尾闾湖又称为终点湖或河口湖,指处于内流河河口、尾闾、终点的湖泊。在内陆区域,河水不能外泄,常在河口低洼处停蓄起来成湖,属于内陆湖和非排水湖,又有停蓄湖之称。湖水靠蒸发排泄,盐分集中、多为咸水湖和盐湖,如中国青海的青海湖、内蒙古的居延海等。

内陆河流一般都有独立的尾闾湖。内陆河自源地产生后,流程逐渐减小,最终流入尾闾湖而蒸发消失。河西走廊三大内陆水系石羊河、黑河、疏勒河的尾闾湖分别为青土湖、居延海、哈拉奇。

石羊河-青土湖:青土湖曾是甘肃省民勤县境内最大的湖泊,汉代面积约 4000 km^2,水域面积仅次于青海湖,新中国成立初期的青土湖水域面积也有 70 多 km^2。后因绿洲内地表水急剧减少,地下水位大幅下降,于 1957 年前后完全干涸沙化,腾格里和巴丹吉林两大沙漠在此“握手”。2010 年干涸沙化半个多世纪的青土湖重现碧波,出现约 3 km^2 的水面,成群的红嘴鸭、鹭鸶等野生水鸟都选择在此栖息,呈现出一派和谐的自然生态景象。

黑河-居延海:居延海是我国第二大内陆河黑河的尾闾湖。汉时称居延泽,唐后统称居延海,是汉朝出击匈奴的前沿阵地。发源于祁连山深处的黑河,流经青海、甘肃、内蒙古三省区800余km后,汇入巴丹吉林沙漠西北缘两片戈壁洼地,形成东、西两大湖泊,统称居延海。居延海是一个奇特的游移湖。它的位置忽东忽西,忽南忽北,湖面时大时小,时时变化。位于今阿拉善盟额济纳旗达来呼布镇东北约40km的巴丹吉林沙漠北缘,形状狭长弯曲,犹如新月,额济纳河汇入湖中,是居延海最主要的补给水源。自1961年干涸以来,一直被白茫茫的碱漠和荒沙覆盖,已成为飞扬沙尘的发源地之一。东居延海新中国成立后已干涸了6次,到1992年彻底干涸。居延海的干涸是由额济纳河水量逐年减少所致。2017年,居延海面积达到66.3 km^2,是近百年来的最大面积,生态出现不断向好迹象。

疏勒河-哈拉奇:哈拉奇是疏勒河的尾闾湖,这里曾经水草丰茂、湖波荡漾,后来因为生态环境恶化,自东向西流淌的疏勒河一度断流,"哈拉奇"也随之消失。2011年以来,随着《敦煌水资源合理利用与生态保护综合规划》的实施,尤其是疏勒河及党河河道恢复工程完工投用,生态水不断补给,疏勒河恢复全程流淌,它的终端湖——"哈拉奇"也得以重现水面。在这片"沙漠之海"上,白鹭和野鸭栖息翱翔,并形成5 km^{2}左右的湖面,蔚为壮观。

5. 干旱区平原水库

在内陆干旱地区,降水量少,蒸发强烈,为了解决地区的供水不足的问题,用以工业发展、人民生活和农业灌溉,修建了大量的平原水库。目前我国已建成干旱区平原水库400余座,主要分布在新疆、甘肃等内陆河流域。干旱区平原水库在一定程度上解决了农业灌溉引水不足的问题,作为补充水源,为农业抗旱和灌溉提供用水,促进了农业的增产增收。为城乡生活用水提供了丰足的水源,提高了人民生活质量,保障了人民的健康,也为区域经济发展提供了可靠的水源,缓解了工农业争水的矛盾。干旱区平原水库的建设也大大减少了绿洲区的地下水开采,有效地遏制了地下水漏斗区的扩展,预防了地面沉降、水质恶化的地质、环境灾害的发生。水库建成后,水库周边及其引水渠道两岸因水源条件改善,可栽树种草,起到防风固沙、预防水土流失、调节小气候的作用,保护了生态环境。

6. 丝绸之路历史文化遗迹

丝绸之路简称丝路,是一条从中国到欧洲的商道,连接亚洲、欧洲的古代陆上商业贸易路线。如今,丝绸之路已成为一条横跨亚欧的遗产大道。在2014年的丝绸之路申遗中,丝绸之路中国境内有22处考古遗址、古建筑等,其中包括河南4处、陕西7处、甘肃5处、新疆6处。

河西走廊是丝绸之路的重要交通要道之一,是丝绸之路的一部分。河西走廊历代均为中国东部通往西域的咽喉要道,汉唐以来,成为"丝绸之路"一部分。河西走廊东起乌鞘岭,西至古玉门关,南北介于南山(祁连山和阿尔金山)和北山(马鬃山、合黎山和龙首山)之间,东西长约1000 km,南北宽数千米至100多千米,为西北—东南走向的狭长平地,形如走廊,也称甘肃走廊。因位于黄河以西,故称河西走廊。地域上包括甘肃省的河西五市:武威(古称凉州)、金昌、张掖(古称甘州)、酒泉(古称肃州)以及嘉峪关。

河西走廊因其特殊的地理位置成为闻名遐迩的丝绸古道上最重要的干线路段,曾一度辉煌,在历史上写下了灿烂的篇章。河西走廊的古城堡遗址也是我国乃至世界上古城堡遗址分布最密集的地区,堪称"古城堡遗址博物馆",这些古城堡见证了丝绸之路的盛衰。古丝绸之路从西安出发,穿过河西走廊,分别从阳关到玉门关进入新疆。河西走廊因此成为古丝路的枢纽路段,连接着亚洲、欧洲的物质贸易与文化交流。东西方文化在这里相互激荡,积淀了蔚为壮观的历史文明。河西走廊的文物种类极其丰富,艺术成就很高,文物价值突出,简牍、彩陶、壁画、岩画、雕塑、古城遗址等,各具特色,交相辉映,简直就是一条灿烂夺目的"文化长廊"。因它是佛教东传的要道,这里还留存了大量石窟群遗址,如武威天梯山石窟、张掖马蹄寺石窟、瓜州榆林窟、敦煌莫高窟,大小石窟星罗棋布地点缀于走廊沿线,故河西走廊又被人们称为"石窟艺术走廊"。

4.3 自然地理相关知识的综合应用

4.3.1 垂直地带性分异

随着海拔高度的上升,从山麓到山顶年平均气温逐渐降低,植被生长季逐渐缩短,同时在一定海拔范围内随着降水量的增加,风速加大,辐射增强,土壤条件也发生相应的变化。在以上因素的综合作用下,植被表现为与等高线大致平行的条带状更替,称为植被的垂直地带性。山地植被的垂直分布序列和更替的顺序形成一定的体系,称为植被垂直带谱。

祁连山的基带为山地草原或山地荒漠草原,青藏高原北侧北坡山地植被垂直带的基带为山地荒漠带。荒漠带谱的上限高度从东至西带谱宽度逐渐增大。祁连山东段荒漠带的谱宽为 250 m、中段 400～500 m、西段 630～1000 m。镜铁山(东经 97°49′,北纬 39°22′)以西的山地没有森林带,带谱主要以荒漠草原、山地草原和高寒草原为主,以东存在山地森林带或森林草原带,森林带分布在 2500～3300 m,并且有高山草甸、灌丛草甸带发育。随着山体基面海拔的升高,亚冰雪带的高度从东向西逐渐升高;总体上祁连山西段的植被带谱简单,由荒漠草原、森林草原、山地草原、高寒草原、高山草甸五个植被带组成。祁连山中东段带谱复杂,森林、草原、灌丛、草甸都有发育。

4.3.2 干湿度分带

干湿度地带性指气候、水文、生物和土壤等自然要素以及自然带,从沿海向内陆逐渐更替的分布规律,其变化规律常表现为大致沿经度方向变化,以中纬地区较明显。

青藏高原北部由于高山的阻挡,西风带系统和东南暖湿气流的影响减小。祁连山东部区主要受西南和东南暖湿气流的影响,降水量比较大,变化率较小。河西走廊西部区主要受西风带系统的影响,降水较少,变化率较大。

4.3.3 纬度地带性

纬度地带性即由赤道向两极的地域分异规律,指气候、水文、生物和土壤等自然要素,以及自然带大致沿纬线方向带状伸展并按纬度变化方向逐渐更替的分布规律。其形成原因是地球球形体导致到达地面的太阳辐射在各纬度分布不均,各纬度热量条件的差异,使受其影响的自然地理现象也按纬度分布。

青藏高原北部由于高山的阻挡降水量较少,从河西走廊北缘到南缘再到祁连山北坡,随着海拔的逐渐增加,年均降水量逐渐增大,年均气温逐渐减小。

4.3.4　实习区人地关系

人地关系是指在一定历史时期内特定生产方式作用下,一定区域空间中生活的人群与自然环境之间的相互联系、相互作用、相互影响和相互制约的关系。人类为了自身的生存繁衍和社会发展对自然环境诸多方面产生一定的作用和影响,而自然环境由此会发生一定程度的变化,加之其自身承载能力也有一定限度,这些变化又会反作用于人类社会,对人类社会的发展造成可能有益,抑或有害的影响。

青藏高原北缘地区拥有独特的地理环境和丰富的资源,自然、人文的垂直地带分异明显,叠加在垂直自然带基础上的不同族群及其活动构成了绚丽多彩的人地关系地域现象。青藏高原北缘的人地关系模式体现了人类在高原山地的生存智慧,农牧生态与族群分布格局是不同人群在经济接触、文化选择以及适应自然环境的历史过程中逐渐形成的,同时受到海拔高度的显著影响。青藏高原北缘的农牧交错地带是中原王朝治理整个藏区的重要依托。明清以来,随着人口不断增长以及族群互动的频繁,青藏高原北缘的垂直农业和农牧混合经济得到发展。地理区位的复合型特点、多元族群及其经济文化的交汇,共同推动了青藏高原北缘地区人地关系的发展。

河西走廊是丝绸之路的一部分,也是史前及历史时期最重要的连接中国与亚欧大陆中西部的通道之一,它以民族杂居著称,历史上是文化宗教传播、经济交流、民族融合的大舞台。丝绸之路的开辟,使河西走廊成为中国历史上率先对外开放的地区。河西走廊地域辽阔,绿洲、草场、荒漠、湖沼等相间分布的空间形态,为不同民族的活动、不同生产方式的展布提供了广阔的地理空间。在河西这片热土上,数千年来各族人民利用其特有的自然资源,开发绿洲,建设家园,为生存繁衍和社会发展创造着文明和财富。同时,这些活动也给自然环境本身带来了深刻影响,且直接影响到河西走廊今天的经济建设和生态环境状况。公元前3800—前2000年的新石器时代晚期的马家窑文化时期,走廊地区就存在碳化小麦、大麦、粟、高粱、稷等粮食品种的足迹,也发展了一定的畜牧和渔猎经济。当时由于生产力低下,人们对自然条件优劣的依赖性很大,对自然生态环境的改造很有限,人与自然界维系着近乎自然状态的脆弱平衡。纵观河西数千年的发展历程,经历代各族人民的辛勤开发,特别是自汉武帝在河西建郡设县后进行大规模农业开发和土地利用以来,绿洲原有的自然生态平衡被打破,人们改变了某些不适宜人类生存发展的自然条件,在一定程度上变自然绿洲为人类活动所干预和控制的人工绿洲,创造了绿洲上璀璨的物质文明和精神文明。然而,由于绿洲的水资源有限,中游开发愈烈,导致河流下游来水逐渐减少,土地荒芜愈甚,生态破坏加剧了自然灾害的发生,导致日益频繁的旱灾、洪灾以及泥石流等地质灾害,严重威胁着河西走廊的可持续发展能力。加之人类的过度开垦、过度放牧、过度砍伐、资源利用不合理以及工矿、城镇、道路、房屋建设中不注意环保,随意排放废弃物等一系列活动导致河西走廊地区沙化严重,绿洲变为沙漠的面积逐渐增大。

4.3.5 实习区农业资源区划

农业资源是人们从事农业生产或农业经济活动所利用或可利用的资源,包括农业自然资源和经济资源。农业资源区划是指从整体观点出发,根据农业自然资源特点和经济社会发展状况,将特定的空间划分成不同功能的资源单元,其目的在于认识区域内部的资源特征与规律,合理利用区域自然条件,安排农业生产。这是资源开发、规划、利用与管理工作的基础。

从农业发展的角度看,青藏高原北缘自然条件较为严酷,生态环境脆弱,可耕地资源少且质量差,水资源短缺且时空分布不合理,农牧业生产极不稳定。由于地势较高,青藏高原北缘海拔 3000 m 以上地区常年积温不足,谷物难以成熟,只宜放牧,牲畜也只能以耐高寒的牦牛、藏绵羊、藏山羊为主。海拔 2000~3000 m 地区,如青海省的柴达木盆地,兼有高原寒冷及沙漠干燥的气候特点,在可耕作的土地上,主要依靠地表或地下水发展灌溉农业,制约农业发展的主要因素一是气温低,二是水资源短缺。海拔 2000 m 以下地区,如敦煌地区、河西走廊、河湟地区等,以及可能包括的塔里木盆地南缘与青藏高原接壤地区,由于远离海洋,内陆沙漠气候特点明显,日照时间长,年降水量稀少,而年蒸发量极高,地表水资源贫乏,昼夜温差大,气候极端干燥,农作物以青稞、小麦、豌豆、马铃薯、圆根、油菜等耐寒种类为主,这里制约农业发展的主要因素是水资源。除高寒、干燥和缺水外,青藏高原北缘地区冰雹、洪涝等灾害也频繁发生,从而影响农牧业的持续稳定发展。从水资源角度看,靠近沙漠、戈壁的地区缺地表水,地面蒸发强烈,依靠传统方式发展农业肯定不奏效。这些地区地下水并不短缺,青藏高原的冰雪融水渗入地下,除形成了滋润亚洲的多条大河外,也有相当一部分水经地下的含水层、渗水层流往周边的盆地、绿洲。因为这些盆地、绿洲地处内陆,光照和地面水汽蒸腾作用特别强烈,加之缺乏足够的资金进行水利设施建设,地下水在低处的盆地、绿洲渗出后未能得到有效利用。

目前,虽然青藏高原北缘地区农业生产不太发达,且发展还存在多种制约因素,但是青藏高原北缘地区农业发展却有着较大潜力。发展现代农业,挖掘农业生产的潜力,不仅可以提高青藏高原北缘地区的粮食和肉奶制品的自给水平,还能满足国内外居民对本地区特色农产品的需求。青海省特色作物种植比例已经达到 76.6%。该地区耕地资源紧缺,要以特色农产品生产为核心,抓好农业产业和产品结构调整,搞好牛羊肉、奶制品、绿色蔬菜、食用菌、特色果品、藏药、花卉等"一村一品"专业村建设,加快形成具有地区特色的品牌化、区域化、规模化产业。此外,还要加快工厂化、设施化及高科技农业(如花卉、食用菌的工厂化生产,鸡、鸭、猪、牛等畜禽产品的繁育和加工等)建设等领域的农业产业化龙头企业建设。可以通过加强宣传,有针对性地上门工作,改招商引资为招商选资,吸引企业来青藏高原北缘地区投资现代农牧业生产。

河西走廊地域辽阔,总面积达 42.4 km² (含黑河下游一带),由于远离海洋,大部分地区属于温带大陆性干旱气候。源于南部祁连山脉的石羊河、黑河和疏勒河三大内陆河系,滋育着河西的大片土地。河西地区不适宜人们利用的戈壁、沙漠、寒漠等的面积占大部分,宜农土地不足总面积的 5%。同时,这些活动也对自然环境本身产生深刻影响,直接影响到河西走廊今天的经济建设和生态环境状况。目前,河西走廊是甘肃省最重要农业区,是西北地区主要的商品粮基地和经济作物集中产区。它提供了甘肃省 2/3 以上的商品粮、几乎全部的棉花、9/10 的甜菜、2/5 以上的油料、啤酒大麦和瓜果蔬菜。

4.3.6　自然地理理论和方法的应用

自然地理理论和方法是开展自然资源调查的基础。自然地理要素构成了国土空间自然本底。国土空间是指国家主权与主权权利管辖下的地域空间。构成国土空间的是陆表自然地理要素，包括地质、地貌、气候、水文和土壤。自然资源调查监测综合分析评价是研究"自然—社会"系统的结构、功能及其相互作用方式，构建可持续人地耦合系统的前提和基础。从管理角度看，对自然资源调查监测数据进行综合分析评价是履行自然资源开发利用、国土空间规划和用途管制、自然资源资产核算和生态保护修复等职能的保障和支撑。

自然地理理论和方法是自然资源区划的基础。自然资源区划分为综合自然区划和部门自然区划。综合自然区划以自然地理环境综合体为对象，把地表分为不同的等级单位，如地区、地带等；部门自然区划是在考虑自然地理环境综合特征的基础上，依据某一组成成分地域分异规律而进行的区域划分，如地貌区划、气候区划、水文区划、土壤区划、植物区划、动物区划等。耕地质量分类指标体系第一层级的区划宜在综合自然地理分区的基础上，考虑光、热、水、土等因素，综合粮食生产的自然、技术、经济三方面影响，进行地域系统划分。

自然地理理论和方法是土地整治工作的基础。土地整治工作不仅包含陆表上下一定厚度内的全部自然要素，也包括要素间的相互作用过程和结果。由于土地与环境之间不断进行物质能量的交换，以及人类活动的改造，所以各种土地上都发生着特有的演替过程。这个过程是认知自然生态系统演替规律和内在机制的基础。全域土地综合整治范围是自然生态系统空间尺度。自然地理系统包含生物群落、生境和处境，构成比生态系统更高一级的系统。由于生态系统的很多生态学过程发生在跨越行政边境的空间尺度，应在分析土地组成结构、演替结构和空间结构的基础上，按照自然地域单元的整体性要求，以山水林田湖草沙构成的自然生态系统范围为空间尺度开展。

自然地理理论和方法是国土空间规划决策的基础。国土空间规划要加强地理要素耦合作用和空间尺度分析。国土空间治理以国土空间分析为前提。自然地理环境构成要素对资源利用的适配性限制，以及资源利用对空间规律尊重不够等，加上目前我国国土空间治理存在空间不足的问题，导致城镇空间、农业空间、生态空间矛盾尖锐；利用和保护水平不高，导致空间开发质量与经济社会生态效益较低等问题。需要在认知国土空间的自然人文要素和相互作用、空间尺度、演替过程的基础上，科学分析人地耦合空间系统的结构功能、运行机制、驱动机制和调控效应，在自然地理环境条件和五位一体要求下，通过空间规划、用途管制等方式实现人地和谐的国土空间高质量发展。在国土空间规划过程中应用地理信息大数据，可为规划提供真实可靠的数据，辅助规划人员及时完成当地的环境、灾害、地质等分析预测工作。可较为准确地判断当地的区域发展整体趋势，实现有效综合评价，促使国土空间规划决策更为真实、合理、科学。

参考文献

[1]　冯益民,何世平.祁连山大地构造与造山作用[M].北京：地质出版社,1996.

[2]　国家地震局地质研究所.祁连山-河西走廊活动断裂系[M].北京：地震出版社,1993.

［3］　孙鸿烈,郑度.青藏高原形成演化与发展[M].广州：广东科技出版社,1998.

［4］　ZHU G F,YONG L L,ZHAO X,et al. Evaporation,infiltration and storage of soil water in different vegetation zones in the Qilian Mountains：a stable isotope perspective[J]. Hydrology and earth system sciences,2022,2614：3771-3784.

［5］　THOMPSON L G,MOSLEY-THOMPSON E,DAVIS M E,et al. Holocene—late pleistocene climatic ice core records from Qinghai-Tibetan Plateau[J]. Science,1989,246(4929)：474-477.

［6］　KATO T,TANG Y,SONG G U,et al. Temperature and biomass influences on interannual changes in CO_2 exchange in an alpine meadow on the Qinghai-Tibetan Plateau[J]. Global change biology,2010,12(7)：1285-1298.

［7］　陈发虎,王亚军,丁林,等. 1949 年以前青藏高原探险和科学考察活动概况[J].地理学报,2022,77(7)：1565-1585.

［8］　姚檀栋,王伟财,安宝晟,等. 1949—2017 年青藏高原科学考察研究历程[J].地理学报,2022,77(7)：1586-1602.

［9］　刘建泉,孙小霞.祁连山科学研究的历史与发展[J].甘肃林业,1995(2)：17-18.

实习设计与实习分区

实习实训与实习报告

第5章

青藏高原北缘实习区

5.1 青海湖实习区

5.1.1 实习目的

1. 知识与技能

（1）了解我国最大的内陆咸水湖青海湖的区域气候、水文和地质地貌特征；

（2）能够正确认识青海湖的形成和发展过程；

（3）能够理解青海湖对维护青藏高原东北部生态安全的重要作用。

2. 过程与方法

实地观察，小组讨论，教师讲解，师生讨论。

3. 情感态度与价值观

通过了解青海湖区域的历史和地理变迁，培养学生正确的民族观和资源观。

5.1.2 实习重点和难点

（1）重点：青海湖区域气候、水文和地质地貌特征；

（2）难点：青海湖对维护青藏高原东北部生态安全的重要作用。

5.1.3 实习路线与主要实习点

（1）实习路线：兰州市—青海湖；

（2）主要实习点：青海湖流域。

青海湖流域处于我国东部季风区、西北干旱区和西南部高寒区的交汇地带（北纬 $36°32'\sim$ $37°15'$，东经 $99°36'\sim100°16'$）。多年平均水位 3196.72 m（湖面海拔），水面面积 4540.98 km^2（2024 年 3 月数据）。由于湖泊效应，具有明显的区域性气候特点，干旱、少雨、多风、太阳辐射强烈、气温日差较大，属高原大陆性气候区。青海湖集水面积 29661 km^2，补给系数 5.83，湖水主要依赖地表径流和湖面降水补给，入湖河流有 40 余条，主要入湖河流有布哈河、乌哈阿兰河、沙柳河、哈尔盖河、甘子河、倒淌河和黑马河,径流量约占入湖总径流量的95%。

5.1.4　主要实习内容

(1)青海湖区域气候、水文、地质地貌特征;
(2)青海湖的形成和发展过程;
(3)青海湖的生态作用和旅游价值。

5.1.5　实习指导

1. 青海湖的形成演变

青海湖为构造断陷湖,湖盆边缘多以断裂与周围山相接。距今20万～200万年前为成湖初期,其形成初期是淡水外流湖泊,与黄河水系相通,湖水通过东南部的倒淌河注入黄河。上新世末,湖东部的日月山、野牛山迅速上升隆起,使原来注入黄河的倒淌河被堵塞,迫使它由东向西流入青海湖,出现了尕海、耳海,后又分离出海晏湖、沙岛湖等子湖。

由于外泄通道堵塞,青海湖遂演变成闭塞湖。加上气候变干,水分大量蒸发,盐分析出,青海湖也由淡水湖逐渐变成咸水湖。1908年,俄国人柯兹洛夫推测当时湖面水位3205 m,湖面积为4800 km²;2000年,通过遥感卫星数据分析,青海湖的面积是4625.04 km²;2013年8月,测得青海湖湖区面积为4337.48 km²,最长约104 km,最宽约63 km,最大水深32.8 m,湖水容积739亿m³。湖水平均矿化度12.32 g/L,含盐量1.25%。2020年4月下旬,水体面积为4549 km²,较2019年同期增大28 km²,较近10年同期平均偏大164 km²。

2. 青海湖的流域特征

青海湖是中国最大的内陆湖泊,地处青藏高原的东北部(图5-1)。湖的四周被四座高山所环抱:北面是大通山,东面是日月山,南面是青海南山,西面是橡皮山,湖面东西长,南北窄,略呈椭圆形。青海湖水平均深约21 m,最大水深为32.8 m。湖东岸有两个子湖:一名尕海,面积48 km²,为咸水湖;一名耳海,面积8 km²,为淡水湖。

青海湖气候类型为高原大陆性气候,光照充足,日照强烈;冬寒夏凉,暖季短暂,冷季漫长,春季多大风和沙尘;降水偏少,雨热同季,干湿季分明。湖区全年日照时数超过3000 h,年日照率达68%～69%,年辐射总量在171.461～106.693 kcal/cm²(1 cal=4.1868 J)。年平均最高气温在6.7～8.7℃,最低气温在-6.5～5.1℃。年降水量为324.5～412.8 mm,年蒸发量达1502 mm,蒸发量远远超过降水量。湖区降水量季节差异较大,降水多集中在5—9月,雨热同季。

青海湖的水温随季节变化。夏季湖水温度有明显的正温层现象,8月最高达22.3℃,平均为16℃;水的下层温度较低,平均水温为9.5℃,最低为6℃。秋季因湖区多风而发生湖水搅动,使水温分层现象基本消失,冬季湖面结冰,湖水温度出现逆温层现象,1月冰下湖水上层温度-0.9℃,底层水温3.3℃。春季解冻后,湖水表层水温开始上升,逐渐又恢复到夏季的水温。湖水因含少量无机盐类,冻结的温度比0℃稍低。每年从11月中旬开始,湖区

图 5-1　青海湖

气温下降到 0℃以下,到翌年 1 月气温达到最低,全湖形成稳定的冰盖,多年平均封冰期为 108～116 d,最短为 76 d,最长 138 d。冰厚度一般为 40 cm,最大冰厚 90 cm。4 月中旬后, 湖内冰块完全消融。

3. 青海湖的湖水水系

湖周大小河流有 70 余条,呈明显的不对称状分布。湖北岸、西北岸和西南岸河流多,流域面积大,支流多;湖东南岸和南岸河流少,流域面积小。青海湖每年获得径流补给入湖的河流有多条,最主要的是布哈河、沙柳河、乌哈阿兰河和哈尔盖河,这 4 条河流的年径流量达 16.12 亿 m^3,占入湖径流量的 86%。青海湖每年河流补给 13.35 亿 m^3,降水补给 15.57 亿 m^3, 地下水补给 4.01 亿 m^3,总补给 32.93 亿 m^3,湖区风大蒸发快,湖水年蒸发量约 39.3 亿 m^3,年均损失约 6.37 亿 m^3。

4. 青海湖的资源概况

(1) 鸟类资源:至 2014 年 8 月,青海湖鸟种记录为 222 种,分属 14 目 35 科,总数在 16 万只以上,其中斑头雁 2.13 万余只、棕头鸥 4.5 万余只、渔鸥 8.74 万余只、鸬鹚 1.12 万余只。此外还有凤头潜鸭、赤麻鸭、普通秋沙鸭、鹊鸭、白眼潜鸭、斑嘴鸭、针尾鸭、大天鹅、蓑羽鹤、黑颈鹤等。2021 年 7 月,青海湖国家级自然保护区管理局在进行夏季水鸟监测过程中,首次观测到灰头麦鸡。

从 2017 年 11 月初开始,青海湖迎来秋季候鸟迁徙的高峰期。青海湖国家级自然保护区管理局秋季迁徙水鸟专项监测结果显示,在 22 个水鸟监测样点共记录到水鸟 32 种 10 万余只,达到全年水鸟种群数量的峰值。

2018年经青海湖迁徙停留水鸟约有9.3万只。青海湖属内陆国际性重要湿地,湿地总面积达到46.86万 hm^2,目前青海湖已形成鱼鸟共生的湿地生态系统。青海湖作为水鸟的重要繁殖地,每年有近6万只水鸟在青海湖繁殖,近10万只水鸟迁徙停留于此。

2020年,监测到水鸟25种7100余只,其中青海湖夏候鸟斑头雁、棕头鸥、渔鸥、普通鸬鹚2900余只,并同时监测到赤麻鸭、凤头潜鸭、大天鹅等鸟类4200余只。2020年3月3日,青海湖景区保护利用管理局首次发布的《青海湖生态环境保护状况》显示,目前青海湖区域鸟类增加到225种,生态环境持续向好。

(2)鱼类资源:湖中盛产全国五大名鱼之一的裸鲤(俗称湟鱼)和硬刺条鳅、隆头条鳅。每年5—8月,成群结队的青海湖裸鲤沿着青海湖的各附属河流逆流而上、产卵繁殖,形成"半河清水半河鱼"的景象,吸引着周边居民和游客前来观赏。据统计,2020年青海湖裸鲤资源量由2002年的2592 t增长到约9.3万t,增长35.87倍。

(3)动植物:青海湖流域是一个封闭完整的自然社会复合体,从海拔5291 m的岗格尔肖合力山到海拔3196 m的青海湖依次分布着荒漠生态系统、草甸生态系统、草原生态系统、森林灌丛生态系统、高原河流及湖泊湿地生态系统。该流域80%以上的面积生态系统原真性较高,景观基质单一,生态连通度高,物能流动便利,生物扩散便捷,生态过程完整,是我国西部完整的陆域和水域生态系统集成,在我国西部内流区极具典型性和国家代表性。

同时,该流域是青藏高原生物环境最丰富的地段之一,既是中国大型食肉动物最主要的庇护地之一,也是候鸟迁徙途中的重要停歇地和中转站,更是高原特有物种青海湖裸鲤、普氏原羚的唯一栖息地,是我国35个生物多样性保护优先区域之一,拥有74科269属759种维管植物、68科202属323种野生脊椎动物,更有238种中国特有植物和22种中国特有动物,对世界生物多样性保护具有重要价值。

(4)湖内岛屿:海心山,位于青海湖中心略偏南,距鸟岛约25 km,岛形长,中部宽而两端窄,由花岗岩、片麻岩组成,岛东缘有一泉眼,可供饮用。南部边缘岩石裸露形成陡崖,东、西、北为平缓滩地。岛上大部分被沙土覆盖,植被覆盖度在50%以上,生长着冰草、芨芨草、镰形棘豆、嵩草、披针叶黄花、西伯利亚黄精等,鸟禽集中在山崖边及碎石滩地栖息。

沙岛,位于青海湖东北,海晏县境内,曾是湖中最大的岛屿,长约36 km,最宽处约2.8 km,面积18 km^2,岛上最高点海拔3252 m,是由湖中沙垄突出水面受风沙堆积形成。1980年沙岛东北端与陆地相连而成为半岛,并围成33 km^2的沙岛湖,表面均由砂砾覆盖,无植被,是鱼鸥栖息繁殖地。

鸟岛,又名小西山或蛋岛。位于布哈河口以北4 km处,岛的东头大,西头窄长,形似蝌蚪,全长1500 m。鸟岛坡度平缓,地表由沙土、石块覆盖,岛的西南边有几处泉水涌流。主要植物有二裂委陵菜、白藜、冰草、镰形棘豆、西伯利亚蓼、嵩草、早熟禾等。鸟岛是亚洲特有的鸟禽繁殖所,是中国八大鸟类保护区之首,是青海省对外开放的一个重要景点。

海西皮,位于布哈河口以北的6 km处,与鸟岛同处在布哈河冲积滩地的顶端,岛的东北缘有断层陡崖紧靠湖边,陡崖外有一近似圆柱形的岩石屹立于湖中,是鸬鹚的繁殖场所,岛上植被覆盖率在90%以上。

5.2　茶卡盐湖实习区

5.2.1　实习目的

1．知识与技能

（1）实地观察茶卡盐湖形态特征，加深对盐湖成因及其成盐作用的理解；

（2）了解湖泊的发育过程及湖水补给来源；

（3）分析水圈与岩石圈之间的相互作用；

（4）了解茶卡盐湖水文、水化学及资源开发利用情况。

2．过程与方法

教师讲解，学生实地观察，师生讨论。

3．情感、态度与价值观

通过实习，培养学生形成正确的资源观和环境观。

5.2.2　实习重点及难点

（1）重点：理解盐湖的形成机制；

（2）难点：判断湖泊的补给来源，分析气候变化对湖泊生态、水文、农业和社会经济的影响。

5.2.3　实习路线和范围

（1）实习路线：青海湖—茶卡盐湖；

（2）主要实习点：茶卡盐湖。

5.2.4　主要实习内容

（1）了解茶卡盐湖基本情况，如地理位置、地形、气候等特征；

（2）了解茶卡盐湖的形成条件及演变过程；

（3）了解茶卡盐湖的水文特征；

（4）了解茶卡盐湖盐类资源开发的经济价值和社会价值。

5.2.5　实习指导

1．湖区概况

1）茶卡盐湖基本特征

茶卡盐湖位于青海省海西蒙古族藏族自治州乌兰县茶卡镇，是天然结晶盐湖。介于北纬 $36°18'\sim36°45'$，东经 $99°02'\sim99°30'$ 之间，位于柴达木盆地的最东段、茶卡盆地西部、祁连山南缘新生代凹陷的山间自流小盆地内,南面有鄂拉山,北面为青海南山与青海湖相隔。湖泊东西总长 15.8 km,南北宽 9.2 km,面积为 105 km²,湖面海拔 3059 m,是柴达木盆地四大盐湖中最小的。茶卡盐湖气候干旱、温凉,年平均气温 4℃,年平均降水量 210.4 mm,年蒸发量 2000 mm,年平均相对湿度 45%～50%,盛行西北风,为高原大陆性气候(图 5-2)。

图 5-2　茶卡盐湖

2)茶卡盐湖的地质构造及沉积过程

该湖盆受构造控制而形成新生代封闭内流断陷盆地,湖相沉积发育,有四分之三的面积被砂砾、沙质黏土、含盐黏土和近代盐类沉积覆盖,北部及西北部出露有第三纪砂砾岩、红色泥岩及浅灰色凝灰岩沉积、下白垩纪厚层灰岩、砂页岩和燕山期花岗岩和花岗闪长岩构成外围山系。湖盆南缘有方解石、文石、菱镁矿组成的碳酸盐泉华和少量芒硝、钙芒硝组成的盐华沉积,沿断裂带方向断续延伸逾 40 km。目前湖岸还有温泉出露,说明该区岩浆作用及热液活动很强烈,是该湖锂、氟等元素的主要补给来源。晚更新世以来,由于受到青藏高原急剧隆起和持续干旱气候的影响,湖盆明显收缩,南北两岸出现四级阶地,最初的基座阶地现已高出湖面 120 m。与此同时,由于湖水强烈蒸发、浓缩,含盐量逐渐增加,甚至发展到自析盐湖阶段,在湖中形成大量芒硝、石盐和各种硼酸盐类沉积(图 5-3)。

2. 盐湖的形成及其成盐作用

1)湖相沉积过程

扎仓茶卡盐湖沉积特指茶卡盐湖系统中扎仓区域的盐类矿物沉积现象和沉积物,是茶卡盐湖地质演化过程中形成的特定沉积类型,扎仓茶卡盐湖沉积由Ⅰ、Ⅱ、Ⅲ湖组成(图 5-4),可分为 3 种类型:①由砂砾石、中-细粒沙组成的碎屑岩沉积;②由浅灰-灰黑色粉沙质淤泥、碳酸盐及含盐淤泥等组成的黏土沉积;③由芒硝、石盐和硼酸盐构成的盐类化学沉积。沉积总厚度 20 余 m,盐类沉积 5～7 m,其中硼酸盐沉积 1～2 m,芒硝沉积 4～5 m,石盐沉积 0.04～0.4 m。沉积分异作用明显,硼酸盐多分布于湖区边缘,形成自硼酸盐沉积阶地向湖中心逐渐被芒硝、石盐沉积所代替的规律。从沉积剖面来看,自下而上由碎屑沉积开始,经黏土

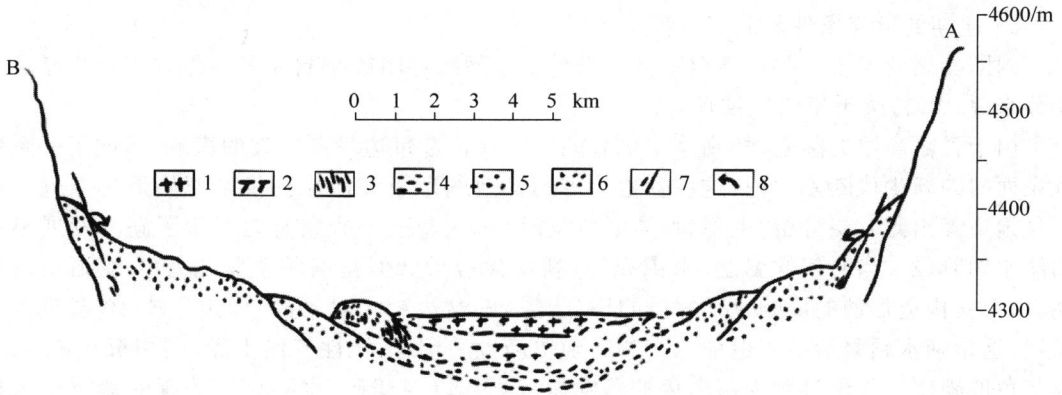

图 5-3　扎仓茶卡 Ⅱ 湖 A—B 剖面

1—石盐；2—芒硝；3—硼酸盐；4—黏土；5—砂砾；6—砾石；7—断层；8—泉水补给方向

沉积，最后终止于盐类化学沉积，反映出该区气候由潮湿逐渐过渡为干旱。盐类沉积层中夹有泥沙细层，标志着短暂时期干旱和潮湿环境的交替变化（图 5-4）。

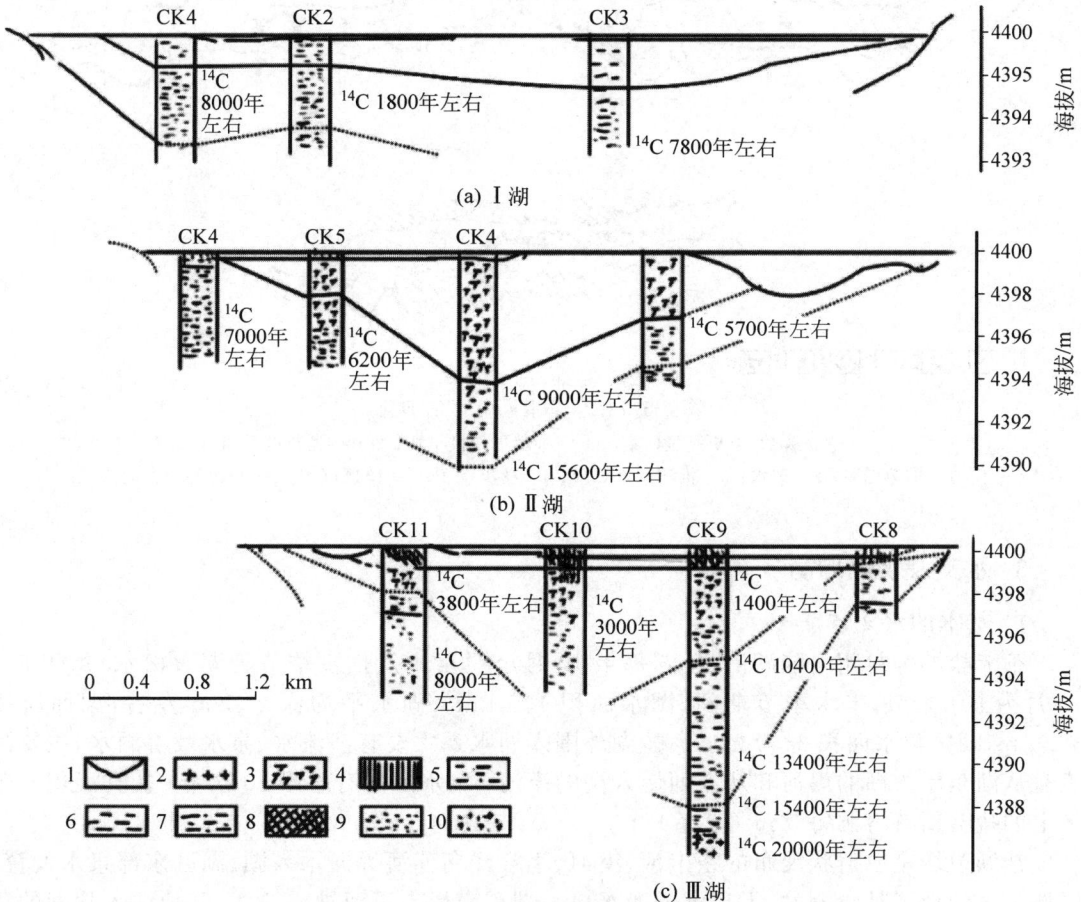

(a) Ⅰ 湖

(b) Ⅱ 湖

(c) Ⅲ 湖

图 5-4　扎仓茶卡盐湖沉积剖面

（^{14}C 年龄引自参考文献[9]）

1—湖水；2—石盐；3—芒硝；4—柱硼镁石；5—含芒硝沙质黏土；6—含石膏黏土；

7—碳酸盐黏土；8—库水硼镁石；9—粉沙；10—砂砾

2）盐湖的形成条件及演变过程

内陆盐湖的形成必须具备以下基本条件：①存在封闭或半封闭的古湖盆地；②充足的盐分来源；③持续干旱的气候环境。

由于青藏高原的隆起，特别是受班公湖—怒江构造带边缘深断裂的影响，形成了一系列近东西向的新生代断陷盆地，这些盆地为古湖盆地的形成和演化提供了原始地形条件。根据盆地边缘出露岩层分析，上新世-早更新世时期，扎仓茶卡盐湖盆地开始了湖泊发展早期的淡水湖阶段。当时气候温湿，水源充沛，湖水含盐量低但盈满整个盆地。中-晚更新世早期，由于新构造运动的影响，区域气候日趋干燥，湖盆边缘相对抬高，湖边形成 10 余道古湖岸线，这是湖水频繁活动和退缩的产物。晚更新世后期，区域性气候干燥，湖相沉积由灰绿-浅灰色的碎屑岩逐渐过渡为灰白色的蒸发盐沉积。以菱镁矿、水菱镁矿等碳酸盐沉积为标志，古湖盆地开始进入半咸水湖-咸水湖快速冷凝而形成规模壮观的碳酸盐泉华沉积带。全新世以来，由于新构造运动和干旱气候的影响，古湖盆地开始解体，被阶地分隔为数个小湖盆，呈串珠状排列在古湖盆地中（图 5-5）。

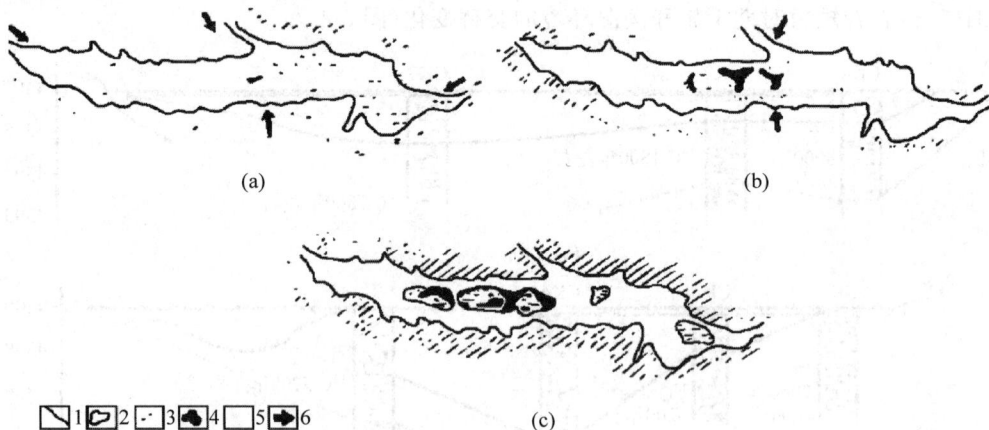

图 5-5　扎仓茶卡湖盆地的演化

（a）上新世-早更新世时期；（b）中-晚更新世早期；（c）晚更新世后期

1—前第四系；2—湖水；3—推测湖水界限；4—盐类沉积；5—碎屑沉积；6—物源补给方向

3. 水文及水量均衡

1）基本的水文特征

茶卡盐湖为封闭内陆湖泊，盐湖每年 10 月至翌年 4 月枯水季节无湖表卤水，每年 5—10 月为丰水季节，丰水季节期间，湖水面积 105 km²，湖水平均深 2.5 m 左右，湖面海拔 3059 m，湖区集水面积 2550 km²。盐湖外围入湖水系主要有河流水、泉水及溶洞水，主要河流有从湖东岸入湖的黑河和从湖西岸入湖的漠河；集水区内有泉眼 80 余个；盐类沉积分布区上的盐喀斯特溶洞每 5 m² 就有 1 个。

盐湖边缘呈放射状展布的茶卡河、漠河、小察汗乌苏河等河水入湖，湖区东部泉水发育，以地下水的形式补给湖盆，无出湖的泄水口。湖东南岸有玛亚纳河注入，其他注入盐湖的河流水量很小且多为季节性河流。茶卡盐湖镶嵌在雪山草地间而非戈壁沙漠上，是固液并存的卤水湖。盐湖卤水矿化度 322.4 g/L，相对密度 1.2178，pH＝7.8，水化学类型为硫酸盐型硫酸镁亚型。茶卡盐湖底部为石盐矿床。盐湖自形成以来化学沉积相对连续稳定，化学沉积盐层厚度较大,一般 4~8 m,最厚可达 10 m。化学沉积主要以石盐为主,其次为石膏、芒硝、钙芒硝、无水芒硝、泻利盐、白钠镁矾和水石盐等。

　　2）茶卡盐湖水量均衡

　　对盐湖丰水和枯水季节入湖河水的流量和泉水涌水量采样的同时进行野外现场测定,对很难测定的溶洞水的平均上渗涌水量采用箱状模型进行计算(表 5-1)。

表 5-1　茶卡盐湖水量均衡

	丰 水 季 节	枯 水 季 节	平　　　均	年均入湖水量/$(10^8 \, \mathrm{m}^3/\mathrm{a})$
河水流量	3.292 m^3/s	0.2396 m^3/s	1.7658 m^3/s	0.557
泉水涌水量	0.1187 m^3/s	0.0450 m^3/s	0.0819 m^3/s	0.0259
溶洞上渗涌水量			0.4671 m^3/s	0.147
湖面年均降水量			0.2 m	0.232
侧面地下水补给量				0.1712
总入湖水量				1.1331
湖面上年均蒸发量			2.0 m	1.1146
年产盐所耗卤水量				0.0185
总出湖水量				1.1331

　　茶卡盐湖(闭流湖泊)水量均衡方程式:

$$R + S + K + G + P = E_{\mathrm{L}} + A$$

式中:R 为年均入湖的地表河流水量($10^8 \, \mathrm{m}^3/\mathrm{a}$),$S$ 为年均入湖的泉水水量($10^8 \, \mathrm{m}^3/\mathrm{a}$),$K$ 为年均入湖的盐喀斯特溶洞水水量($10^8 \, \mathrm{m}^3/\mathrm{a}$),$P$ 为湖面上的年均降水总量($10^8 \, \mathrm{m}^3/\mathrm{a}$),$G$ 为盐湖侧面地下水年均补给总量($10 \mathrm{m}^3/\mathrm{a}$),$E_{\mathrm{L}}$ 为湖面上的年均蒸发水总量($10^8 \, \mathrm{m}^3/\mathrm{a}$)(湖卤水相对密度 1.21,蒸发系数按 0.48 计算),A 为茶卡盐厂年产盐所耗的卤水总量($10^8 \, \mathrm{m}^3/\mathrm{a}$)。

　　经计算得出卤水补给水量按大小依次为:河水>大气降水>地下水>盐溶洞水>泉水。

4. 茶卡盐湖资源开发

　　1）盐类资源开发

　　茶卡盐湖为固液并存的石盐盐湖矿床,迄今为止,一直坚持以开采石盐为主。石盐开采历史悠久,实现了船采、船运、机械化洗涤和加工。据研究,越近湖中部偏南地区石盐纯度越高,越近湖边缘地区石盐纯度越低。开采石盐最佳时期在每年的 5—10 月丰水季节,因为冬季湖水温度低,容易有芒硝析出而夹杂于石盐中。茶卡盐湖液相卤水中 NaCl 资源总量的潜在经济价值很大。

　　2）旅游资源开发

　　茶卡盐湖面积空旷、地势平坦,湖面具有极强的反射能力,被称为中国的"天空之镜"。景区内有大型户外盐雕群。茶卡盐湖夹在祁连山支脉完颜通布山和昆仑山支脉旺尕秀山之间,两山常年积雪,雪山倒映在湖面,形成青藏高原北缘独特的自然风光。

　　茶卡盐湖旅游景区资源比较独特,环境优美,在一定程度上拉动了当地的经济增长,提供了大量的就业机会,同时也带动了相关产业的发展,尚有很大的发展潜力。当地政府和景区应该奉行开发与保护并行的原则,合理开发和利用盐湖景区的旅游资源,实现茶卡盐湖旅游景区旅游资源的可持续发展,深入挖掘景区的文化内涵,开发独具特色的旅游项目。

5.3 大柴旦翡翠湖实习区

5.3.1 实习目的

1. 知识与技能

(1) 探究大柴旦翡翠湖(简称翡翠湖)形成原因和过程;
(2) 掌握翡翠湖的地理分布和成因;
(3) 分析翡翠湖的自然效益和经济效益。

2. 过程与方法

教师讲解,学生实地观察,师生讨论。

3. 情感、态度与价值观

通过实习,培养学生形成正确的资源观和环境观。

5.3.2 实习重点及难点

(1) 重点:翡翠湖的形成原因和演变过程;
(2) 难点:翡翠湖的生态意义和经济价值。

5.3.3 实习路线和范围

(1) 实习路线:茶卡盐湖—翡翠湖;
(2) 主要实习点:翡翠湖。

5.3.4 主要实习内容

(1) 了解翡翠湖的演变与形成;
(2) 分析翡翠湖的颜色形成的水化学因素;
(3) 探究翡翠湖的环境及经济效益。

5.3.5 实习指导

翡翠湖位于青海省海西蒙古族藏族自治州大柴旦行政区柴旦镇境内(图 5-6)是大柴旦独特的盐湖风貌,属硫酸镁亚型盐湖,面积 15 km^2,海拔 3100 m,坐标:北纬 37°52′,东经 95°16′。它分布在白雪皑皑的祁连山达肯达坂下,在常年的冰雪融水滋润和强烈蒸发的环境下,形成独特的雪山-湿地-盐湖自然景观。翡翠湖由矿区资源开发后的卤化物(水)和矿物质(结晶物)组成。因其含钾、镁、锂等金属元素和卤化物,盐床或淡青、翠绿或深蓝交替,故称翡翠湖。由于所含的矿物质浓度的不同,因而形成不同的湖泊盐。翡翠湖水矿化度在 340~380 g/L。

图 5-6　翡翠湖

　　由于拥有大量的湖盐资源,其经济意义较为重大。翡翠湖湖面由于含有卤化物和矿物质呈现淡青、翠绿或深蓝交替的景象,具有较大的观赏价值。

参考文献

[1]　胡东生.青海湖的地质演变[J].干旱区地理,1989(2):29-36.

[2]　李小雁,许何也,马育军,等.青海湖流域土地利用/覆被变化研究[J].自然资源学报,2008(2):285-296.

[3]　李晓东.青海湖水体对流域气候和生态环境变化的响应[D].兰州:兰州大学,2022.

[4]　杨璟,丁明涛,李振洪,等.Google Earth Engine支持下的青海湖空间格局演变分析[J].测绘地理信息,2003,48(5):92-97.

[5]　刘兴起,王永波,沈吉,等.16000a以来青海茶卡盐湖的演化过程及其对气候的响应[J].地质学报,2007(6):843-849.

[6]　郑绵平,赵元艺,刘俊英.第四纪盐湖沉积与古气候[J].第四纪研究,1998(4):297-307.

[7]　施进军.大柴旦翡翠湖[J].柴达木开发研究,2019,193(3):52.

[8]　余冬梅,付江涛,胡夏嵩,等.柴达木盆地大柴旦盐湖区盐生植物根-土复合体力学强度试验研究[J].盐湖研究,2017,25(1):37-48.

[9]　高春亮,余俊清,闵秀云,等.柴达木盆地大柴旦硼矿床地质特征及成矿机制[J].地质学报,2015,89(3):659-670.

第6章

石羊河流域实习区

6.1 冷龙岭实习区

6.1.1 实习目的

1. 知识与技能

（1）实地观察冰川和冻土地貌的形态特征，分析冰川和冻土地貌的分布特点，理解冰川侵蚀和冻土冻融作用对岩石以及地表形态的影响作用；

（2）进一步认识山区河流的发育过程，分析水圈与岩石圈之间的相互作用；

（3）分析冰川消融对内陆河的补给作用，认识冰冻圈对于维持内陆河水资源安全的重要性；

（4）实地观察植被垂直地带性分异规律，认识植被类型随海拔高度上升而变化的规律。

2. 过程与方法

以学生观察探究为主，围绕教师讲解内容，将理论知识与野外实践紧密结合，深化学生对于区域生态环境的认识。

3. 情感、态度与价值观

培养学生形成正确的资源观、环境观及可持续发展观。

6.1.2 实习重点及难点

（1）重点：了解全球变暖导致冰川和冻土退化现状；

（2）难点：梳理冰冻圈变化与干旱区生态、水文、农业和社会经济的关系。

6.1.3 实习路线与主要实习点

（1）实习路线：武威市—西营水库—九条岭水文站—护林站观测点—宁缠河—冷龙岭；

（2）主要实习点：石羊河上游西营河流域。

　　西营河流域位于祁连山东部(北纬 37°28′～38°1′,东经 101°40′～102°23′),主要地貌类型有现代冰川、冻土地貌,侵蚀作用形成的中山、山间盆地与构造宽谷,剥蚀作用形成的中山、低山、峡谷、河谷盆地等。该地分布有寒武纪碳酸盐岩和火山岩层、奥陶纪盐酸盐岩层和太古宙岩浆岩层,其中大部分岩层为第四纪黄土和各类松散堆积物。

　　流域内太阳辐射强烈,日照充足,昼夜温差大,蒸发强烈,年平均蒸发量为 700～1200 mm,年平均降水量为 300～600 mm,降水主要集中在夏季。冷龙岭为西营河发源地,其上游由宁缠河和水管河两大支流组成。其中宁缠河为正源,下游有响水河和塔河两条支流汇入。流域上游主要植被是温带针叶林、高山杜鹃花灌木和荒漠草原植被,中下游以裸地为主,植被稀少。土壤类型主要为灰钙土、栗钙土、灰褐土、亚高山灌丛草甸土、高山草甸土和高山寒漠土。

6.1.4　主要实习内容

1. 西营水库

(1) 了解山区水库对灌区绿洲农业和流域水资源调度的影响;

(2) 理解山区水库的生态影响和生态服务价值。

2. 九条岭水文站

(1) 了解山区水文要素的监测内容;

(2) 利用九条岭水文站监测数据分析石羊河流域出山径流变化的影响因素。

3. 护林站

(1) 了解护林站的主要职责和任务;

(2) 了解西营河流域森林资源概况。

4. 宁缠河

(1) 了解内陆河源区小流域产汇流过程;

(2) 了解冰冻圈对水文过程的影响。

5. 冷龙岭

(1) 了解现代冰川(冰蚀、冰碛)地貌和冻土地貌;

(2) 了解冷龙岭冰川变化的过程。

6.1.5　实习指导

1. 西营水库

　　西营水库位于武威市凉州区西南 40 km 的西营河四沟咀,是一座以灌溉为主,兼顾防洪、发电的中型水库,总库容 2350 万 m³,设计灌溉面积 38.46 万亩(1 亩≈666.67 m²),有效灌溉面积 37.83 万亩。水库于 1970 年 3 月动工兴建,1973 年 12 月 26 日正式蓄水。水库枢纽由主坝、副坝、输水洞、泄洪洞等组成。当时的防洪设计标准为 100 年一遇设计,500 年一遇校核,最大泄洪量为 430 m³/s。

1999—2004 年,实施大型灌区续建配套与节水改造项目,完成续建渠首遗留工程 1 处,改建长为 56.12 km 的干渠 5 条,相应的建筑物 166 座,支渠 5 条,长 13.37 km,相应的建筑物 69 座,完成田间配套面积 2.09 万亩,修建斗农渠 105 km。渠系水利用率由原来的 54% 提高到 60.5%,灌溉水利用率由 48.6% 提高到 54%,完成了西营水库除险加固工程主坝加固,副坝防渗墙,新、旧泄洪洞和输水洞进出口及金属结构的改建 6 个部分,还配备了水库水情自动化监测系统设备。图 6-1 展示了石羊河流域实习区照片。

图 6-1　石羊河流域实习区

2. 九条岭水文站

九条岭水文站位于甘肃省肃南裕固族自治县(简称肃南县)皇城镇九条岭煤矿(北纬 37°52′,东经 102°03′),集水面积 1077 km²。水文站建有站房、观测房、测流缆道和气象观测场,配备 LS25-1 型流速仪、LS10 型流速仪、自动安平水准仪、水准尺、全站仪、天平等仪器设备,满足巡测条件。水文站采用全年巡测方式,由测验整编科、水情科完成流量、输沙率检测和水情报汛工作,由委托人员完成定期校测水位、观测冰期水位、单沙采样、观测冬季降水等工作。自 1972 年建站以来,已积累近 40 年的实测水文资料,是石羊河流域几大支流中唯一不受人工设施影响的天然河道监测站,九条岭水文站的建设对了解整个石羊河流域出山径流变化过程具有十分重要的意义。

3. 护林站

西营河护林站隶属青海省门源回族自治县(简称门源县)林业局,是门源县 53 个重点森林资源管护站之一,有常驻工作人员 3 人,管护范围为门源县境内西营河流域全部的森林和草原。

西营河流域海拔跨度大,垂直地域分异规律明显(图 6-2):①随着海拔的升高,气温降低,降水先增多后减少;②山地的垂直自然带谱与其基带所在纬度向高纬度方向的水平自然带谱一致;③影响垂直自然带谱的因素有山地所处纬度的相对高度;④该山地同一自然带所处南坡海拔高度高于北坡(积雪冰川带除外),南坡热量条件优于北坡,南坡为阳坡;⑤南坡雪线低于北坡,南坡比北坡降水量多,南坡为迎风坡。

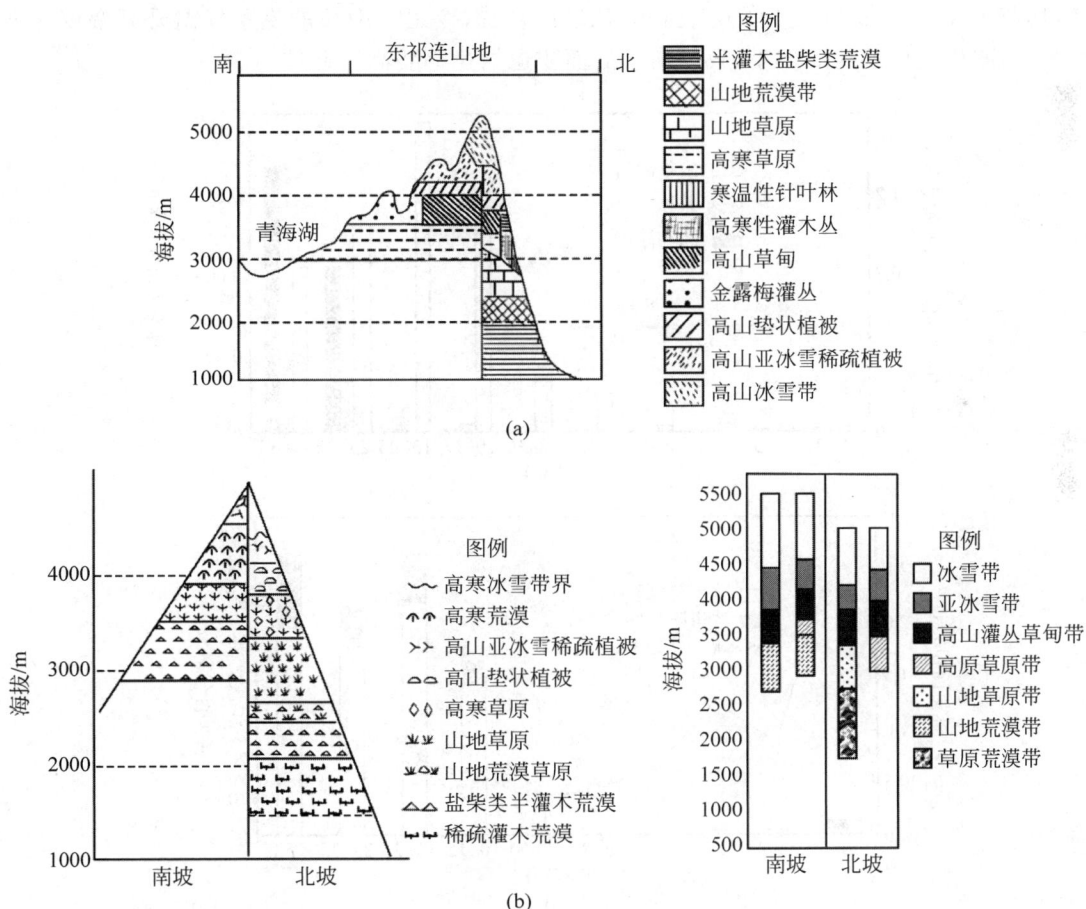

图 6-2　西营河流域垂直带带性分布
(a) 祁连山;(b) 西营河流域

4. 宁缠河

宁缠河是西营河流域的主要支流之一(北纬 37°36′~37°44′,东经 101°45′~101°56′),海拔跨度为 3100~5000 m,区内分布冰川 30 余条,面积 97 km^2。

5. 冷龙岭

冷龙岭位于祁连山东段,处在青海门源县与甘肃武威市的交界处,地理坐标为：北纬 $37°24'\sim37°48'$,东经 $101°18'\sim102°$。山峰海拔多为 $4000\sim5000$ m,最高峰岗什卡位于门源县青石嘴以北,海拔 5254.5 m。冷龙岭 4500 m 以上的山峰多发育现代冰川,据中国冰川编目统计,冷龙岭区发育现代冰川 244 条,其中,南坡 103 条,属黄河流域,冰川融水流入大通河,最后注入黄河;北坡 141 条,属内陆水系,冰川融水注入石羊河。发育现代冰川面积 103.02 km^2,冰川体积 3.299 km^3。19 世纪 70 年代以来,冷龙岭冰川一直呈持续退缩状态,主要是由温度升高引起,至 2022 年冰川面积减少至 50 km^2 以下,面积退缩率为 40%,但不同时段的面积退缩速率却不尽相同,1995—1999 年的退缩速率最大,1999—2002 年次之,1972—1995 年最小。如图 6-3 所示,从坡向来看,冷龙岭南坡的夏季气温升高幅度比北坡大,而冰川规模却比北坡小,致使南坡的面积退缩速率要高于北坡。

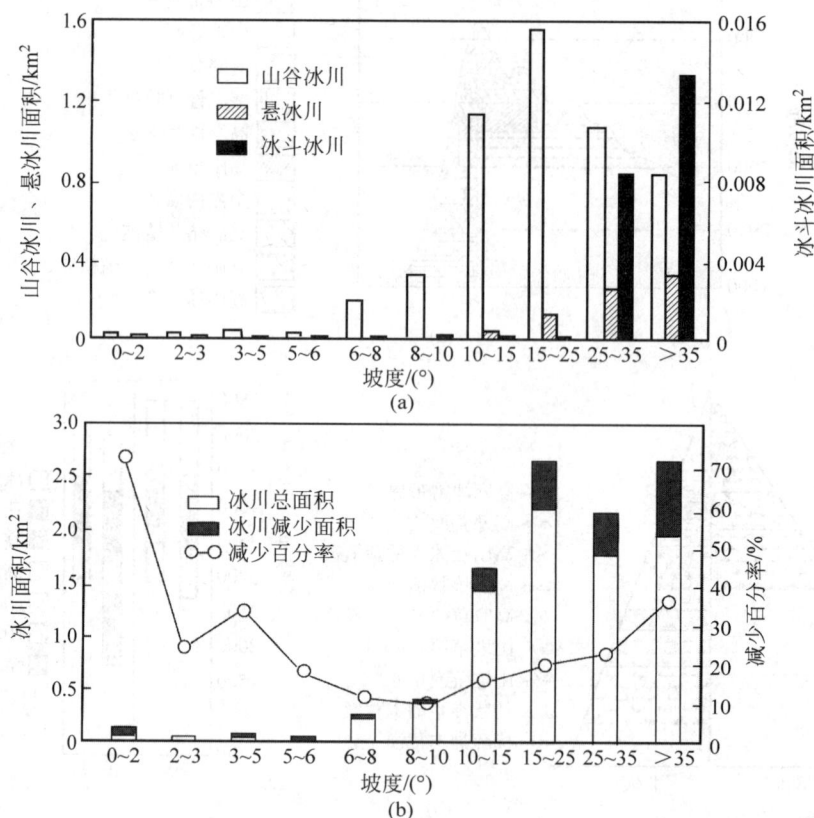

图 6-3 冷龙岭冰川变化(2004—2015 年)

冷龙岭作为典型的山岳冰川,冰川地貌类型具有明显的组合规律,由山顶至山麓,地貌组合依次为：①冰斗、刃脊、角峰,位于雪线以上,为冰蚀地貌带;②冰川谷、侧碛堤和冰碛丘陵带位于雪线以下,终碛堤以上,为冰蚀-冰积地貌带;③终碛堤位于山谷冰川末端,为冰积地貌带;④冰水扇和外冲平原带,位于终碛堤以外,为冰水堆积地貌带。冷龙岭冻土地貌也有一定的分布规律和地貌组合,在山岭平缓的顶部和山坡凹槽中,以冻融风化为主,形成石海和石河；在松散碎屑物覆盖的山坡和山麓,融冻泥流形成泥流阶地、泥流坡坎,冻裂作用形成多边形土,冻胀、冻融分选作用形成石质构造土,如图 6-4 所示。

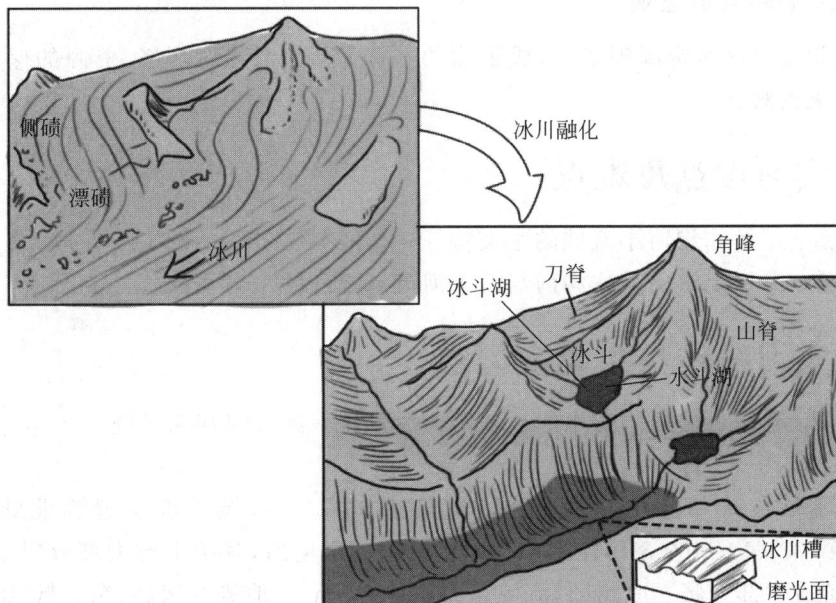

图 6-4　冰川地貌

陆地冰冻圈在气候系统的不同时间尺度上均产生重要作用,比如影响辐射平衡过程(如雪冰反照率反馈机制)、径流(主要在冻土地带)、热调整、水汽、陆地海洋气体和其他物质通量交换等,这些作用主要影响地球表面水循环过程。其次,以天然气水合物和冻结态有机物形式存在的温室气体(CO_2、CH_4)的变化影响到碳循环,因而也影响到气候变化。冰冻圈对预测气候系统至关重要,尤其是对中、高纬度地区以及高海拔地区,需对冰冻关键过程在空间上高盖度、时间上高分率地进行持续监测。雪冰储量和范围变化会引起能水循环的巨大变化,进而产生一系列经济社会效应,所以我们迫切需要就陆地冰冻圈对地面和大气的影响与反馈机制进行研究,以提高气候预测能力。

6.2　冰沟河小流域实习区

6.2.1　实习目的

1. 知识与技能

(1) 了解冰沟河小流域的地质、地貌、气象、水文、植被和土壤特征;

(2) 了解冰沟河小流域观测点的布设和观测进展;

(3) 基于观测资料分析小流域地理要素间的相互作用以及影响机制。

2. 过程与方法

以学生探究观察为主,围绕教师讲解内容,将理论知识与野外实践紧密结合,深化学生对于区域生态环境的认识。

3. 情感、态度与价值观

正确认识干旱区水资源现状,形成正确的水资源观;增强对环境、资源的保护意识,树立可持续发展的观念。

6.2.2 实习重点及难点

(1) 重点:了解冰沟河小流域的水文特征;
(2) 难点:分析上游支流冰沟河与石羊河流域之间的水力联系。

6.2.3 实习路线与主要实习点

(1) 实习路线:武威—南营水库—冰沟河风景区—冰沟河观测系统。
(2) 主要实习点:冰沟河流域。

冰沟河流域位于祁连山东北部,石羊河流域的上游,经纬度位置为北纬 $37°34'$～$37°47'$,东经 $102°10'$～$102°31'$,全部位于甘肃省武威市境内,其中上游大部分属于天祝藏族自治县,下游极少部分属于凉州区,流域总面积 326 km^2。地势西南高、东北低,绝大部分区域位于海拔 2000 m 以上,高差达 2808 m,垂直差异明显,发达的水系使得研究区内形成明显的高山河谷地形,地势普遍较陡。

冰沟河作为石羊河流域重要的发源地,流域内水系比较发达,大部分河流呈西南-东北流向。西部的冰沟河和东部的南岔河是流域内两条最大支流,冰沟河发源于大雪山和卡洼掌,南岔河发源于响水顶,南岔河上游地区以泉水河河水为主要补给水源。两大支流在青达板村汇合为冰沟河干流之后,最后注入南营水库。降水和冰雪融水是河流的主要补给来源,以降水补给为主。此外,还有少量的地下水补给。冰沟河存在春夏两个汛期,春汛主要发生在 4—5 月,夏汛则主要发生在 7—8 月。

从流域下游到上游,地表覆被类型依次为荒漠、草地、林地、高寒草甸和高寒荒漠,对应的土壤类型分别为山地灰钙土、山地栗钙土、山地灰褐土和草甸土。荒漠区域多砾石,土壤比较贫瘠,生长有少量草本植物且分布稀疏,其中优势种为冰草;海拔较高区域的草地土壤比较肥沃,植被优势种为马兰花;林地分布区域土壤肥沃,土壤水分条件较好,主要植物类型为祁连圆柏和青海云杉,其中青海云杉为优势种。

6.2.4 主要实习内容

1. 南营水库

(1) 了解南营水库的基本概况;
(2) 分析南营水库对灌区农业发展的意义。

2. 冰沟河风景区

(1) 了解冰沟河的形成过程及影响因素;

（2）了解冰沟河景区旅游开发模式及对当地社会经济的影响。

3．冰沟河观测系统

（1）了解冰沟河小流域观测站点的布设及观测要素；

（2）了解冰沟河小流域观测进展。

6.2.5　实习指导

1．南营水库

南营水库位于甘肃省武威市金塔河干流出口处，距武威市 18 km，控制流域面积 852 km^2，是一座以防洪为主，兼顾灌溉、发电等综合效益的中型水库。水库始建于 1958 年，1960 年停建，1969 年进行二次施工，1970 年建成蓄水。水库枢纽主要由主坝、副坝、坝下输水涵管、左岸泄洪洞、排沙泄洪洞、输水洞及坝后电站等组成，主坝为壤土厚心墙砂砾石坝，总库容为 2000 万 m^3，最大坝高 39.6 m。南营水库主要功能是耕地灌溉，据统计可灌溉 14 万亩耕地，此外还具有一定的防汛功能。

南营水库主要分为五级阶地，第五级阶地形成于昆仑-黄河运动的主幕时期，拔河高度为 120～130 m，属基座阶地，基岩为第三纪红色砂岩，上层是 10 m 厚砾石层，最上层分布 10～15 m 的黄土层。第四级阶地拔河高度为 80 m，情况与第五级相同，与上面两级不同，第三、二、一级阶地属于堆积阶地。

2．冰沟河风景区

冰沟河景区位于甘肃省武威市天祝藏族自治县祁连镇境内，距武威市区 35 km，是一处以雪山、天池、瀑布、森林、草原、河流等自然风光为主，集观光旅游、休闲度假、民俗风情和探险为一体的生态旅游风景区。

冰沟河景区涵纳了祁连冰川、阿尼岗嘎尔雪山、柴尔龙海天池、尼美拉大峡谷、马兰花大草原、弘化牧场、原始森林、高山草甸等自然景观（图 6-5）。主要景点有祁连山天池——柴尔龙海、奇异秀美的冰沟河大峡谷——尼美拉、国内面积最大的马兰花大草原、清代国师三世章嘉活佛诞生地、大唐弘化公主驻牧地、吐谷浑山寨、藏文化广场、祁连冰川、阿尼岗嘎尔雪山、龙王庙、青羊古寺、菩提宝塔、牛心山、三姊妹峰、狮子岭、老龙沟、骆驼峰、仙人台等诸多景观。

3．冰沟河观测系统

1）气象观测点

气象观测点设置在流域中游的祁连镇（北纬 37°53′，东经 102°25′），在该样点架设 Watch Dog 2000 型 Series Weather Stations 气象站，自动记录流域降水量、气温、相对湿度（精度分别为：0.2 mm、0.01℃、0.01%，记录间隔：15 min）以及露点温度、水汽压等气象参数。降水样品主要依靠祁连镇气象观测人员采集，采样过程完全按照标准的采样流程进行，将当日上午 8:00 到次日上午 8:00 算作一个完整采样周期，采样点配备专业的降水采集设备，利用配制的 5 L 聚乙烯收集瓶和直径为 26 cm 漏斗来采集降水，待每次降水结束后将水

图 6-5　冰沟河景区

样倒入 50 mL 的样品瓶中,同时用塑封膜将瓶口密封。降雪样品置于 20~24℃环境中,融化后装入采样瓶。

2）径流观测点

两棵松、交叉路口、西沟、泉水河、泉水河中游、汇流前、汇流点、水库入口等 8 个采样观测点。

3）土壤观测点

两棵松、交叉路口、西沟、实验区、小村落、建筑工地等 6 个采样观测点。

6.3　八步沙林场实习区

6.3.1　实习目的

1. 知识与技能

（1）了解西北干旱区荒漠化的成因和发展过程；

（2）分析人类活动在荒漠化过程中的作用；

（3）结合八步沙"六老汉"治沙案例,学习沙漠化治理的成功经验。

2. 过程与方法

林场工作人员讲解,学生实地观察,师生讨论。

3．情感、态度与价值观

（1）树立防治荒漠化观念，树立正确的环境观；

（2）学习"六老汉"矢志不渝、拼搏奉献、持之以恒的八步沙治沙精神。

6.3.2　实习重点及难点

（1）重点：了解八步沙林场防沙治沙方法及成效；

（2）难点：分析人为因素在西北干旱区荒漠化防治中的作用。

6.3.3　实习路线与主要实习点

（1）实习路线：古浪县—八步沙六老汉治沙纪念馆—八步沙林场；

（2）实习地点：古浪县八步沙林场。

6.3.4　主要实习内容

1．八步沙六老汉治沙纪念馆

（1）了解八步沙"六老汉"的治沙事迹；

（2）学习"六老汉"困难面前不低头，敢把沙漠变绿洲的奋斗精神。

2．八步沙林场

（1）观摩八步沙林场的防沙治沙方法；

（2）分析八步沙林场取得"人进沙退"治沙效果的原因。

6.3.5　实习指导

1．八步沙六老汉治沙纪念馆

八步沙六老汉治沙纪念馆是为弘扬"六老汉"三代人困难面前不低头、敢把沙漠变绿洲的奋斗精神而设立的，整个纪念馆以"绿之梦"为主题，多维度表达了八步沙人追逐绿色之梦的家国情怀，深刻地展现古浪生态文明建设的生动画卷，旨在倡导全社会牢固树立"绿水青山就是金山银山"的理念，在推进生态美、百姓富、产业优的小康进程中建功立业。展览分为五个单元，第一单元主题是"遗梦·沧海桑田，生态失衡"；第二单元主题是"寻梦·筚路蓝缕，力缚黄龙"；第三单元主题是"追梦·薪火相传，砥砺前行"；第四单元主题是"筑梦·经验可鉴，精神永存"；第五单元主题是"圆梦·共襄义举，同佑绿色"。

整个展馆是八步沙"六老汉"三代人前赴后继、矢志不渝同沙海较量的缩影，是一幕幕战天斗地的英雄往事，是一曲曲感天动地的时代壮歌，是一个个令人敬佩的先进典型。他们的精神激励人们投身生态文明建设，为建设美丽中国而奋斗。

2．八步沙林场

20 世纪 80 年代初，这里曾是当地最大的风沙口。为了改变八步沙风刮黄沙扬的面貌，郭朝明等"六老汉"以联户承包的方式组建了集体林场,承包治理 7.5 万亩流沙。林场的创办人是古浪县土门镇的六位 60 岁左右的村民,当地人叫他们"六老汉",按照年龄大小排序,他们分别是郭朝明、贺发林、石满、罗元奎 、程海和张润元。他们不甘心将世代生活的家园拱手相让,在勉强能填饱肚子的情况下,组建了集体林场,进驻沙漠,这些已经年过半百从来没有在沙漠中见过树的人,打算在八步沙上植树种草。

1981 年秋季第一年治沙种植的 1 万亩防沙林,成活率不到 30%,第二年"六老汉"发现草墩子旁边的树木成活率高,就用草围圈,一棵树一把草,压住沙子防风跑,坚持了 5 年以后,树的成活率逐步提高至 70% 以上。在沙漠里植树,三分种,七分管,管护是重中之重,为了看护好辛辛苦苦种下的林子,"六老汉"吃住都在沙地里。最初他们挖了个地窝子住,夏天闷热不透气,冬天冰冷墙结冰。他们为了预防牲畜糟蹋和人为的破坏,每天坚持巡查,巡查完,也只能用壶烧点开水,吃点馒头或者炒面粉。在这样艰苦的环境下,"六老汉"一干就是 10 年,八步沙有了树,沙漠渐渐变绿了。

正是因为有这么一股劲,执拗的"六老汉"把治理八步沙的重任传给了自己的后人。郭老汉的儿子郭万刚、贺老汉的儿子贺忠祥、石老汉的儿子石银山、罗老汉的儿子罗兴全、程老汉的儿子程生学、张老汉的女婿王志鹏,他们成了八步沙第二代治沙人。在郭万刚等第二代治沙人的努力下,如今的八步沙已经形成一条南北长 10 km,东西宽 8 km,林草良好的防风固沙绿色屏障。从"六老汉"时代的一棵树一把草,压住沙子防风跑,到现在的打草方格、细水滴灌、地膜覆盖等,第三代治沙人在祖辈的治沙方式基础上也在不断创新。

四十年来,以"六老汉"为代表的八步沙林场三代职工一步一步、一亩一亩、一方一方,把飞沙走石的不毛之地,治理成了生机盎然的绿色海洋。截至 2019 年,三代治沙人累计治沙造林 21.7 万亩,管护封沙育林草 37.6 万亩,部分重点区域植被覆盖率达到 60% 以上,以"愚公移山"的精神创造了荒漠变林海的人间奇迹。一条由柠条、沙枣、花棒、白榆等沙生植物"织"成的 7.5 万亩的防风林抑制了风沙侵蚀的步伐,古浪县的沙漠整体向后推移了 15~20 km。

2019 年 9 月 20 日,八步沙林场荣获全国绿化委员会全国绿化模范单位称号。2019 年 11 月 13 日,八步沙林场被中华人民共和国生态环境部命名为第三批"绿水青山就是金山银山"实践创新基地。

6.4   武威市民勤沙生植物园实习区

6.4.1   实习目的

1. 知识与技能

(1)认识主要的沙生、旱生植物,分析植物的分布与其生境的相关性;

(2)通过生物学形态鉴别植物种类,掌握植物标本的制作流程,加深对各种沙生植物特点和用途的了解;

(3)掌握各种沙生植物对环境的适应和作用;

(4)了解不同类型的沙漠观测设备,掌握其基本观测原理。

2. 过程与方法

沙生植物园工作人员和教师讲解,学生实地观察,学生利用仪器操作和观测。

3. 情感、态度与价值观

培养学生严谨踏实、求真务实的科学态度;激发学生探究大自然的热情。

6.4.2　实习重点及难点

(1) 重点:了解沙生植物的类型和特点;

(2) 难点:探究沙生植物的生长规律,了解沙生植物与环境之间的相互影响机制。

6.4.3　实习路线与主要实习点

(1) 实习路线:动物、植物标本室—治沙科技展览室—主要沙旱生植物蒸腾观测实验场。

(2) 主要实习点:武威市民勤沙生植物园。

武威市民勤沙生植物园坐落于河西走廊武威市民勤县薛百乡西端的沙漠中,始建于1974 年,海拔 1300 m 左右,植物园占地 67 hm^2,长 1100 m,宽 550 m,是我国北方第一个荒漠植物园。沙生植物园是沙生、旱生植物的引种培植中心,主要从事发掘沙区野生植物资源、选育良种和繁殖推广等工作,同时开展荒漠植物的生物学、生理学、生态学的特性观察、测定及探索经济利用途径的试验研究,为发展荒漠地区的林牧农副业提供优良种苗、技术措施和科学依据(图 6-6)。

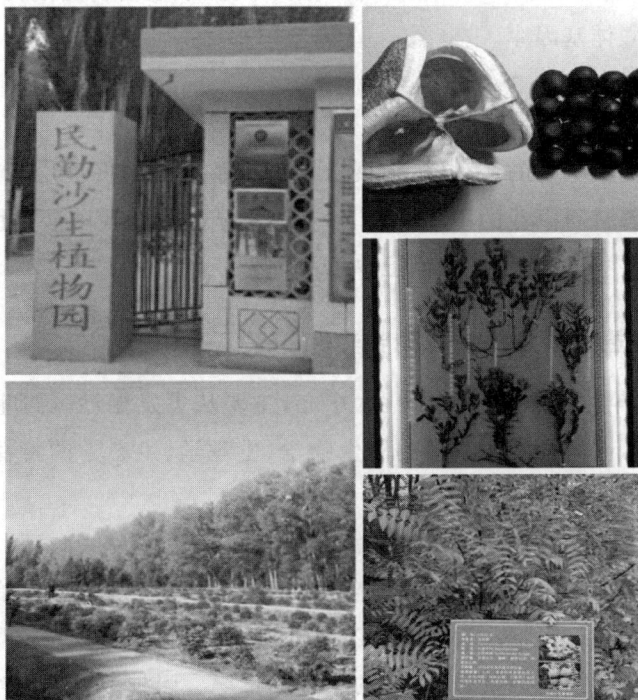

图 6-6　武威市民勤沙生植物园

6.4.4　主要实习内容

1.动物、植物标本室

(1) 了解沙生动植物的分类及特点；

(2) 认识典型的沙生动植物,了解典型沙生植物对于防沙治沙产生的作用。

2.治沙科技展览室

(1) 了解武威市民勤沙生植物园的发展历程；

(2) 了解甘肃省治沙研究所在治理沙漠化研究上取得的成就。

3.主要沙旱生植物蒸腾耗水观测实验场

(1) 了解主要荒漠植物的生物学、生理学、生态学特性以及测定方法；

(2) 了解植物园沙旱生植物蒸腾耗水观测指标与研究进展。

6.4.5　实习指导

1.动物、植物标本室

动植物标本室荟萃国内外沙生植物标本 700 余种,共计 5000 多个,动物标本室陈列着 500 余种动物及昆虫标本,共计 2000 多个。武威市民勤沙生植物园是目前国内规模最大的荒漠植物种质资源立体基因库。

2.治沙科技展览室

治沙科技展览室里陈列的各种资料,展示了沙生植物园的发展历程及它在治沙研究上所取得的成就。随着科研事业的不断发展,沙生植物园已成为我国沙生植物科研、教学和国内外学术交流的重要场所,沙生植物园已享誉海内外。

3.主要沙旱生植物蒸腾耗水观测实验场

植物园以沙生、旱生植物的引种驯化为中心,主要从事发掘沙区野生植物资源、选育良种、繁殖推广等工作,同时开展荒漠植物的生物学、生理学、生态学的特性观察,测定及探索经济利用途径等的实验研究。

整个植物园被箭杆杨和毛条栽植的绿篱划分成搜集区(包括乔、灌、草三个分区)、选育区、经济植物区、固沙造林实验区、天然灌丛封育区、采种区、苗圃、综合治沙展览室、气象站等 12 个各具特色的区域。这些引种区里,有从北美引进的火炬树,从德国引进的水飞蓟,从西亚引进的阿目浑子,还有从黎巴嫩引进的旱生油瓜等。引种栽培的沙生、旱生植物及乡土植物共计 470 余种(其中珍稀濒危植物 13 种)。

6.5　蔡旗水文站实习区

6.5.1　实习目的

1. 知识与技能

(1) 了解蔡旗水文站的主要工作内容;

(2) 掌握水文要素的实测、计算、分析和监测结果汇交的过程及方法;

(3) 熟悉水文站主要水文要素的测定过程。

2. 过程与方法

水文站工作人员讲解,学生实地观察,学生操作仪器,师生讨论。

3. 情感、态度与价值观

(1) 培养学生自主学习的能力和解决实际问题的能力;

(2) 增强学生对洪涝灾害的认知,提升处理紧急情况的能力。

6.5.2　实习重点及难点

(1) 重点:了解水文站的常规监测要素和方法;

(2) 难点:理解石羊河流域综合治理方案。

6.5.3　实习路线与主要实习点

(1) 实习路线:蔡旗水文站—石羊河国家湿地公园;

(2) 主要实习点:蔡旗水文站。

6.5.4　主要实习内容

1. 蔡旗水文站

(1) 了解蔡旗水文站的观测要素和水文特征;

(2) 了解石羊河流域综合治理方案。

2. 石羊河国家湿地公园

(1) 了解石羊河国家湿地公园的基本概况;

(2) 理解石羊河国家湿地公园的生态特征。

6.5.5 实习指导

1. 蔡旗水文站

1）蔡旗水文站的观测要素

水文要素是表征某一地点或区域在某一时间水文情势下的主要物理量。蔡旗水文站观测的水文要素包括降水、蒸发、径流等基本要素以及水位、流速、流量、水温、含沙量、冰凌和水质等其他要素,通常由水文站通过水文测验加以确定。

蔡旗水文站是石羊河重要的水文监测站,主要监测石羊河中游的河流水情要素和进入红崖山水库的水量(图 6-7)。

图 6-7　蔡旗水文站

2）蔡旗断面的水文特征

蔡旗断面过水量由 3 部分组成:天然河道下泄、西营调水和景电调水。

石羊河流域 8 条主要河流中,西大河水量在永昌盆地经过转化利用后汇入金川峡水库,最终消失于金川昌宁盆地,而大靖河无较大洪水时,出山后流入大靖灌区。若发生较大的洪水,除拦截部分灌溉外,其余流入北部腾格里沙漠,一般无法汇入石羊河干流,因此蔡旗断面过水量主要以中部东大河、西营河、金塔河、杂木河、黄羊河、古浪河水量为主。

在未来气候变化及水资源利用变化情景下,应用河川径流对气候与土地利用变化的响应模型,对蔡旗断面来水量进行模拟预测,在灌溉定额平均减少 5% 的情景下,径流量模拟值与 1997 年前后的来水量大体相当;在灌溉定额减少 10% 的情景下,来水量模拟值相当于 20 世纪 80 年代末的来水量;而在节水 15% 和 20% 的情景下,蔡旗断面的来水量模拟值分别达 3.262×10^8 m³ 和 4.098×10^8 m³。由此说明,如果真正从节水入手,加大节水设施和节水技术的投入,尤其是高新灌溉技术的投入强度,使民勤蔡旗断面下泄水量由 2010 年的

2.600×10^8 m^3 增加到 2.900×10^8 m^3 以上,这一治理目标在不减少耕地的前提下可以提前实现。因此,石羊河流域水资源节约的根本出路在于节水。

3) 石羊河流域水资源调配方案

《石羊河流域重点治理规划》总体目标:保障生活和基本生态用水,满足工业用水,调整农业用水,提高水资源利用效率和效益,促进农民增收和区域经济社会可持续发展,实现"决不能让民勤成为第二个罗布泊"的目标。根据《石羊河2011年度向民勤调水方案》,从2011年3月8日开始,石羊河从西营水库向民勤调水,全年共调水5次,累计下泄水量18026万 m^3,蔡旗断面实际收到水量13455.7万 m^3,截至9月25日,蔡旗断面总过水量24192.9万 m^3,其中西营水库调水13455.7万 m^3,景电二期工程调水5154.4万 m^3,河流自然来水5582.8万 m^3,按年初计划,景电二期工程还会开始秋季调水,完成年初8200万 m^3 的调水任务,若调水任务全部结束,向民勤盆地调水应达到27238.5万 m^3,才能够完成向民勤盆地调水的计划和任务。2010年10月23日,干涸了51年的青土湖重新出现约3 km^2 的湖面,这表明石羊河综合治理初见成效。

在2010水平年治理实现:平水年份,使民勤蔡旗断面下泄水量由现状的0.98亿 m^3 增加到2.5亿 m^3 以上;民勤盆地地下水开采量由现状的5.17亿 m^3 减少到0.89亿 m^3;石羊河中游地表供水量由现状的9.72亿 m^3 减少到8.82亿 m^3;武威市地下水开采量由现状的7.47亿 m^3 减少到4.18亿 m^3,基本实现石羊河水系中下游地下水采补平衡,地下水位趋于稳定,有效遏制了生态系统退化的趋势。

在2020水平年治理实现:平水年份,使民勤蔡旗断面下泄水量由2010年的2.5亿 m^3 增加到2.9亿 m^3 以上,民勤盆地地下水开采量减少到0.86亿 m^3,石羊河中游地表供水量由2010年的8.82亿 m^3 减少到8.22亿 m^3,地下水开采量稳定在2010年的4.18亿 m^3 左右,民勤盆地地下水位持续回升。北部湖区预计出现总面积大约70 km^2 左右的,地下水埋深小于3 m的浅埋区,形成一定范围的旱区湿地。石羊河水系中游地下水位有所回升,生态系统得到有效修复。2020年是《石羊河流域重点治理规划》远期目标年,截至2020年12月3日,民勤蔡旗断面过水量达到2.9亿 m^3,自2010年以来连续11年稳定实现《石羊河流域重点治理规划》确定的约束性目标。多年治理下,民勤地下水位回升,于2020年回升至2.91 m,青土湖地区有水实现,并完成由旱生—中生—湿生的植物环境演变。

2. 石羊河国家湿地公园

石羊河国家湿地公园位于甘肃省武威市民勤县城以南30 km处,由石羊河下游的民勤段河流湿地与红崖山水库等组成,地理坐标介于东经102°44′～102°55′,北纬38°11′～38°25′。南起洪水河桥,北至红崖山水库北缘,南北长31 km,东西介于0.6～3.5 km之间,总面积6174.9 hm^2,其中湿地面积3233 hm^2,湿地率52.4%,主要有永久性河流、人工库塘、洪泛平原、灌丛沼泽和草本沼泽等湿地型。湿地公园划分为湿地保育区、湿地恢复重建区、湿地宣教展示区和湿地合理利用区共4个功能区。

湿地公园内动、植物资源丰富,有植物197种,隶属38科123属。其中有国家珍稀濒危植物3种,特有属种1种,双子叶植物是该区内植物群系的主要建群种,分别占总科属种数的68.42%、73.98%、75.13%,丰富度高。该湿地公园内植被可分为4个植被型组、7个植被型、26个主要群系,为典型的河岸地带湿地植被,具有明显的地带性特征,水分梯度影响明显。湿地公园有野生动物5纲26目45科118种,其中:鸟类16目29科80种,兽类6目10科20种,鱼类1目2科11种,爬行类2目3科5种,两栖类1目1科2种。

6.6 红崖山水库实习区

6.6.1 实习目的

1．知识与技能

(1) 了解红崖山水库的概况,客观分析红崖山水库建成的利弊;

(2) 理解红崖山水库的社会经济作用以及生态效应;

(3) 学会分析红崖山水库对于灌区和湿地的影响。

2．过程与方法

教师讲解,学生实地观察,师生讨论。

3．情感、态度与价值观

培养学生建立正确的资源观和环境观;

培养学生形成人地协调发展的可持续发展理念。

6.6.2 实习重点及难点

(1) 重点:了解红崖山水库的地质地貌特征和生态水文特征;

(2) 难点:理解红崖山水库的水文、生态和社会经济效应。

6.6.3 实习路线与主要实习点

(1) 实习路线:红崖山水库—红崖山灌区—甘肃民勤连古城管理局红崖山保护站;

(2) 主要实习点:红崖山水库。

6.6.4 主要实习内容

1．红崖山水库

(1) 了解红崖山水库的概况;

(2) 分析修建红崖山水库的水文、生态和社会经济效应。

2．红崖山灌区

(1) 掌握红崖山灌区的基本情况;

(2) 分析干旱区绿洲灌溉农业模式的合理性。

3. 红崖山保护站

（1）了解红崖山保护站的基本概况；

（2）分析红崖山保护站在甘肃民勤连古城自然保护区生态建设中的作用。

6.6.5　实习指导

1. 红崖山水库

红崖山水库是沙漠水库（图 6-8），位于石羊河下游，在武威市以北 60 km，北距民勤县城 30 km，东距腾格里沙漠 3 km，距巴丹吉林沙漠仅 5 km，处于两大沙漠的包围之中，属于平原型洼地水库。水库西面依红崖山（海拔 1750 m）而建，其他三面都是人工大坝。水域面积 30 km²，控制流域面积 13400 km²。水库建有输水洞、泄洪闸、溢洪道等，以蓄水灌溉为主，兼具防洪、养鱼、旅游等综合利用功能。在经济建设时期以粮为纲的背景下，水库的修建使得石羊河中下游绿洲面积不断增加，同时也直接导致青土湖的完全干涸。

红崖山水库主要供给民勤的灌溉用水和青土湖的生态用水。设计的有效灌溉面积 83 万亩，水库存在面积大、深度浅，水的损耗主要是因为蒸发旺盛，这也是内陆干旱地区不可避免的问题，水库年平均蒸发量 2600 mm，实际灌溉面积有所减少，实际灌溉面积 56.23 万亩。尽管如此，红崖山水库的修建对民勤的经济发展仍有一定的积极作用，可以宏观控制水资源来灌溉绿洲。由于中上游用水量增加以及气候的周期性变化，进入红崖山水库的流量逐年减少。

图 6-8　红崖山水库

在石羊河流域治理过程中，武威市加强石羊河流域上游水资源保护和涵养，规范和协调中、下游用水，统筹调度流域水资源，使得红崖山水库向青土湖下泄生态水量 3100 万 m³，青土湖水面面积于 2020 年扩大到 26.7 km²，让曾一度干涸的青土湖也重现碧波荡漾的昔日景象。2021 年 1 月 5 日，中国水利报社第十届年度"中国水利记忆·TOP10"——水利十大新闻、有影响力十大水利工程、基层治水十大经验系列评选结果揭晓，石羊河流域重点治理被评为 2020 年全国基层治水十大经验之一。

2. 红崖山灌区

红崖山灌区是石羊河流域下游最大的盆地，南起红崖山和阿拉古山，与武威盆地相邻，北抵北山，西与潮水东盆地、昌宁盆地衔接，东邻腾格里沙漠（北纬 37°10′～37°25′，东经 104°00′～104°20′）。盆地边缘亦被沙漠覆盖，绿洲区面积 4520 km²。盆地主要赋存承压水，含水层富水性较差，单井涌水量 1000～2000 m³/d，该盆地矿化度变化幅度较大，一般为 0.36～5.6g/L，自南向北渐增。多年平均降水量 113.2 mm，年均蒸发量 2675.6 mm，昼夜温差 15.5℃，年均气温 8.8℃，日照时数为 3142.2 h，无霜期 152 d，适宜农作物生长，是我国典型的内陆干旱区中的灌溉农业区，具有生态农业区的典型代表性。红崖山灌区是经甘肃省水利厅 1999 年审核批准的大型灌区，包括原坝区、泉山、湖区三个自然灌区，辖 13 个乡镇，2 个国营农林场，总人口 25.75 万人，设计灌溉面积 64.7 万亩，有效灌溉面积 64.7 万亩，2015 年实际灌溉面积 64.7 万亩，主要种植小麦、玉米、棉花、油料等作物。灌区内交通条件便利，有民武（民勤—武威）、民湖（民勤—湖区）、民昌（民勤—昌宁），民西（民勤—红砂岗）主干公路 4 条，民武公路直接与"西北大动脉"兰新铁路连接。

民勤盆地绿洲主要是红崖山灌区，几乎不产流，区域水资源主要依靠石羊河干流蔡旗断面下泄水量的补给。20 世纪 50 年代进入民勤的总径流量年均 5.42 亿 m³，60 年代年均 4.028 亿 m³，70 年代年均 3.238 亿 m³，80 年代年均 2.287 亿 m³，90 年代年均 1.524 亿 m³，多年年均减少量由 0.1 亿 m³ 增大到 0.15 亿 m³，2000 年入境量只有 1.138 亿 m³。面对石羊河流域日益严峻的水资源形势，石羊河流域综合治理逐渐被提上日程。2010 年蔡旗断面总径流达到 2.617 亿 m³，地下水开采量逐年减少，规划确定的远期治理目标提前 8 年实现。红崖山灌区 2011—2015 年地下水开采量分别为 8869 万 m³、8515 万 m³、8578 万 m³、8506 万 m³、8550 万 m³。2015 年红崖山灌区总灌溉面积 64.7 万亩，其中耕地 56.26 万亩，园地和林草地 8.44 万亩。2015 年红崖山灌区用水总量 3.291 亿 m³（地表水出库水量 2.436 亿 m³，地下水提取水量 0.855 亿 m³，其中农田灌溉用水 2.1437 亿 m³，占 65.14%；生态灌溉用水 0.9921 亿 m³，占 30.14%；工业用水 0.0559 亿 m³，占 1.7%；生活用水 0.0993 亿 m³，占 3.02%）。

3. 红崖山保护站

红崖山保护站辖区总面积为 76.97 万亩，区内主要保护植物有白刺、梭梭、猫头刺、盐爪爪、沙蒿等，零星分布麻黄（国家二级保护植物）、沙拐枣（国家二级保护植物），已被核定为国家重点公益林面积为 26.4 万亩，现已纳入中央森林生态效益补偿面积为 16.5 万亩。

自 2021 年来，红崖山保护站先后在民勤板湖滩、青土湖、狼刨泉山、龙王庙、老虎口、西大河等风沙前沿指导实施工程压沙 10 多万亩，完成国营工程造林 8 万多亩，栽植梭梭等沙生灌木 3000 多万株。尤其是，自 2008 年以来，在老虎口、重兴东沙窝、西大河等区域的防沙治沙工程建设中，红崖山保护站在荒无人烟的茫茫大漠中建成防沙治沙示范区 2.5 万多亩，在民勤治沙造林史上谱写了光辉的一页。红崖山保护站森林资源保护工作取得显著成绩，有效巩固了造林绿化成果。

6.7　青土湖实习区

6.7.1　实习目的

1. 知识与技能

(1) 了解腾格里沙漠和巴丹吉林沙漠的分布和成因；

(2) 了解造成西北地区沙漠化的自然和人为原因，探究人类活动在沙漠化过程中的作用；

(3) 了解青土湖的演变历史，探究石羊河流域向青土湖输水的生态效应；

(4) 结合石羊河流域综合治理措施分析干旱区尾闾湖的生态作用。

2. 过程与方法

学生以探究观察为主，围绕教师讲解内容，将理论知识与野外实践紧密结合，深化对区域生态环境的认识。

3. 情感、态度与价值观

(1) 增强学生热爱自然、保护自然以及与自然和谐相处的意识；

(2) 培养学生树立可持续发展的观念。

6.7.2　实习重点及难点

(1) 重点：理解青土湖的变迁过程及原因；

(2) 难点：客观评价石羊河流域综合治理的生态成效。

6.7.3　实习路线与主要实习点

(1) 实习路线：武威市—青土湖—青土湖纪念碑—腾格里沙漠—连古城自然保护区—西渠镇；

(2) 主要实习点：青土湖。

6.7.4　主要实习内容

1. 青土湖

(1) 了解青土湖的变迁过程；

(2) 客观评价石羊河流域综合治理的生态效应。

2. 青土湖纪念碑

理解尾闾湖对稳定沙漠绿洲生态平衡,阻隔沙漠扩展,防治土地沙漠化,减少沙尘暴的决定性作用。

3. 腾格里沙漠

(1) 探究、掌握腾格里沙漠的形成原因;

(2) 分析主要的干旱区绿洲沙漠化治理措施。

4. 甘肃民勤连古城国家级自然保护区

(1) 了解甘肃民勤连古城国家级自然保护区的主要工作内容;

(2) 了解甘肃民勤连古城国家级自然保护区对荒漠生态保护的重要意义。

5. 西渠镇

(1) 了解西渠镇的主要概况;

(2) 理解人类活动在沙漠化过程中的作用以及荒漠化对人类生产生活的影响。

6.7.5　实习指导

1. 青土湖

甘肃省民勤县境内的青土湖,位于民勤东北 70 km 处的巴丹吉林沙漠和腾格里沙漠的夹缝地带,东为腾格里沙漠,西为巴丹吉林沙漠,属于石羊河下游冲积扇(北纬 $39°07'\sim$ $39°08'$,东经 $103°37'\sim102°38'$),海拔高度为 $1292\sim1310$ m,面积 40 km^2。青土湖位于甘肃省民勤县东北的腾格里沙漠西北边缘,该区年平均气温 7.8℃,大于 10℃ 的有效积温 3248.8℃·d;年降水量 110 mm 左右,且降水多集中于 7—9 月,占全年降水量的 73%,年潜在蒸发量达 2600 mm 以上;无霜期 168 d,光照 3181 h,太阳辐射 630 kJ/cm^2;全年盛行西北、西北偏西风,夏秋季东风也比较盛行,年均风速 4.1 m/s;属典型温带大陆性干旱荒漠气候。研究区主要以湖相沉积物的沙土及壤质沙土为主;区域地形地貌以湖相沉积基质上分布 $3\sim10$ m 高低不等的流动、半固定、固定沙丘与丘间低地相互交错分布的地貌类型为主。青土湖主要植物有白刺、旱生芦苇、黑枸杞、人工梭梭等。据《尚书·禹贡》记载,当时青土湖面积 1.6 万 km^2,最深处达 6 m。20 世纪初以来,因为上游水量减少,青土湖逐渐萎缩,1949 年以前青土湖仍有 100 km^2 的水域面积,自红崖山水库修建后逐渐干涸。直到 1959 年完全干涸,湖区经过近 50 年的风沙作用,形成以原始干涸湖盆为基底的流动沙丘,较大面积流沙覆盖平沙地,2007 年石羊河流域重点治理工程开始实施,通过上游节流、黄河调水等措施,民勤绿洲生态逐步改善,从 2010 年起石羊河上游开始向青土湖实施生态补水,使干涸了 50 多年之久的青土湖首次形成 3 km^2 的水域面积,后来又逐年增加生态配水比例,使青土湖区域形成地下水位埋深小于 3 m 的旱区湿地 106 km^2。2010 年以来,由于石羊河流域的综合治理,青土湖区域的生态环境得到极大改善。

2. 青土湖纪念碑

2007年10月1日，温家宝总理视察民勤青土湖时指出，石羊河流域综合治理要打好三套"组合拳"，上游涵养水源，中游管理调度，下游注水恢复，将恢复生态、结构调整、脱贫致富相结合，建设全国节水模范县和防沙治沙示范县。为了全面贯彻温家宝总理讲话精神，进一步遏制沙患，阻隔两大沙漠合拢，坚持造管并举、封造结合的原则，采取干部群众义务投工投劳和重点生态项目支撑相结合的方式，开展大规模的生态治理活动。通过采取工程压沙、人工造林、封沙育林（草）、退牧还草等各项治理措施，湖区部分区域的生态植被得到有效恢复。为纪念石羊河流域生态治理的艰辛过程和巨大成就，建立青土湖纪念碑，正面碑文为："决不能让民勤成为'第二个罗布泊'"。2013年2月，习近平总书记在甘肃考察时再次强调"确保民勤不成为第二个罗布泊"。如今这块纪念碑矗立在这里时刻警示我们，要把生态环境问题摆在社会经济发展的重要位置，努力促进人与自然的和谐发展，经过一代又一代人的努力，让祖国永远保持蓝天碧水和青山沃土（图6-9）。

图6-9　青土湖及其纪念碑

3. 腾格里沙漠

腾格里沙漠是中国第四大沙漠，位于内蒙古自治区阿拉善左旗西南部，和甘肃省中部毗邻，南越长城，东抵贺兰山，西至雅布赖山，面积约4.3万 km²，海拔1400～1600 m。腾格里在蒙古语里为天，意为茫茫流沙如渺无边际的天空，沙漠内部沙丘、湖盆、盐沼、草滩、山地及平原交错分布，其中沙丘占71%。腾格里沙漠中还分布着数百个原生态湖泊。

4. 甘肃民勤连古城国家级自然保护区

连古城国家级自然保护区位于甘肃省武威市民勤县境内，位于巴丹吉林和腾格里两大沙漠之间，总面积389882.5 hm²（图6-10），主要保护对象为荒漠天然植被群落、珍稀濒危野

生动植物、古人类文化遗址和极其脆弱的荒漠生态系统。

保护区内共有植物物种 64 科 227 属 474 种，列入《国家重点保护野生植物名录》的有 13 种，其中国家一级保护植物有裸果木、绵刺、发菜等 3 种，国家二级保护植物有蒙古扁桃、沙冬青、肉苁蓉、草麻黄、斑子麻黄、沙拐枣、朝天委陵菜、甘草、沙芦草、短芒披碱草等 10 种，还有保存完好的绵刺、柠条、怪柳、白刺、霸王、猫头刺、沙拐枣、麻黄等天然灌木 184832.4 hm²，同时还拥有野生动物 24 目 43 科 89 种，属国家重点保护野生动物的有 12 种，其中国家一级保护动物有金雕，国家二级保护动物有鸢、苍鹰、雀鹰、白头鹞、灰背隼、游隼、纵纹腹小鸮、长耳鸮、短耳鸮、荒漠猫、鹅喉羚等 11 种。此外，保护区内还有著名的"沙井文化"遗址、汉代武威郡治古城遗址、连城遗址等，可谓真正意义上的自然资源与人文资源交相辉映。

连古城国家级自然保护区作为河西走廊北部生态屏障的重要组成部分，从北、西、南三个方向保护着民勤绿洲，扼守河西走廊的东部，是民勤天然植被群落最完整、分布最多的区域，其生态区位的重要性主要体现在四个方面：一是阻挡巴丹吉林和腾格里两大沙漠合拢；二是保卫 230 万亩民勤绿洲；三是维系区域生态平衡；四是保护荒漠生态系统及其生物多样性。由于特殊的地理环境和位置，决定了保护区对于维护甘肃西部的生态系统平衡乃至中国西部的国土安全，以及保护、保存珍贵的荒漠物种基因及生物多样性的重要性。

图 6-10 连古城国家级自然保护区

5. 西渠镇

西渠镇，隶属甘肃省武威市民勤县，距民勤县城 61 km，位于民勤县城东北部，东邻东湖镇和收成镇，南连泉山镇，西接红沙梁镇，区域面积 331.5 km²。两汉时期，西渠镇境域属于武威县,1947 年,设西渠乡,1985 年 5 月,改西渠乡为西渠镇,截至 2018 年年末,西渠镇户籍人口 25641 人。截至 2020 年 6 月,西渠镇共辖 2 个社区、33 个行政村。

西渠镇是距离青土湖最近的乡镇,其中志云村、号顺村也是民勤县与沙漠接壤的村落,沙漠化严重影响了西渠镇的居民生活环境、工农业生产和交通。

6.8　西北师范大学石羊河流域综合观测站实习区

6.8.1　实习目的

1. 知识与技能

(1) 了解西北师范大学石羊河流域综合观测站的观测体系;
(2) 了解西北师范大学石羊河流域综合观测站的观测内容、观测系统和观测点的分布。

2. 过程与方法

观测站负责人员讲解,学生实地观察,学生操作仪器,师生讨论。

3. 情感、态度与价值观

(1) 培养学生严谨踏实、求真务实的科学态度;
(2) 培养学生正确的环境观、资源观及可持续发展观。

6.8.2　实习重点及难点

(1) 重点:掌握西北师范大学石羊河流域综合观测站的观测系统及观测要素;
(2) 难点:理解干旱区径流、农田、湿地等不同地理单元的水文水资源特征。

6.8.3　实习路线与主要实习点

(1) 实习路线:武威市—西北师范大学石羊河流域综合观测站;
(2) 主要实习点:西北师范大学石羊河流域综合观测站。

6.8.4　主要实习内容

(1) 了解西北师范大学石羊河流域综合观测站的概况;
(2) 了解西北师范大学石羊河流域观测的建站站点布设及观测要素;
(3) 深析西北师范大学石羊河流域综合观测站现有的观测结论。

6.8.5　实习指导

1. 石羊河流域综合观测站

石羊河流域是我国乃至全球用水矛盾最突出、生态环境问题最严重、水资源对经济社会发展制约性最强的流域之一。

西北师范大学石羊河流域综合观测站位于民勤绿洲中部大滩镇北东村（北纬 38°79′，东经 103°23′），海拔 1348 m，距离民勤县 27.1 km。自 2014 年起，西北师范大学在石羊河流域陆续建立了集降水、地表水、地下水、土壤、植被等要素的观测网络，在武威市民勤县大滩镇北东村设立了观测研究站，持续收集水文、气象、生态及社会经济数据，获得了较系统的观测数据。

2. 观测系统

目前，该观测研究站设有河源区、绿洲区、水库渠系区、绿洲农田区、生态工程区、特殊过程区共六个区域观测系统（图 6-11），包括气象观测点 13 个、水文观测点 54 个、生态观测点 17 个、长期租用观测试验田 20 亩以及仪器设备存放和观测人员住宿用房 120 m^2。

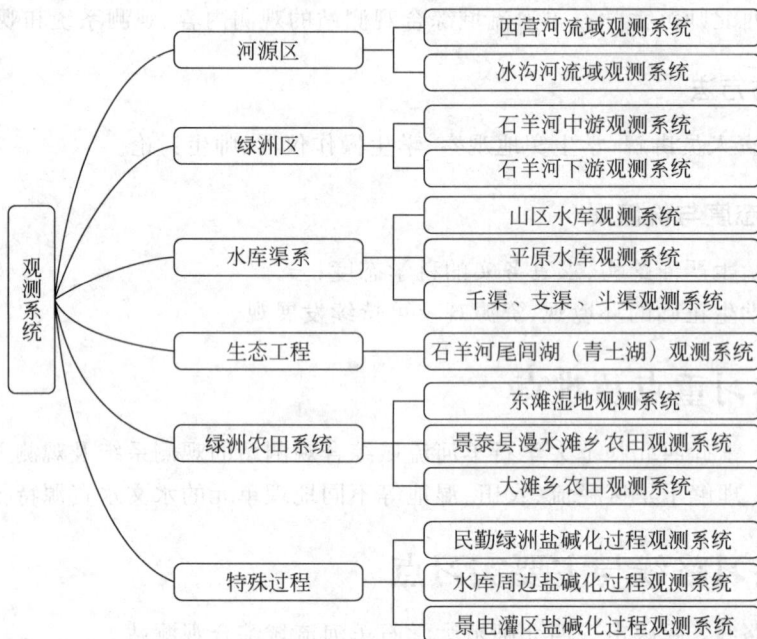

图 6-11　西北师范大学石羊河流域综合观测站观测系统

3. 观测站点及观测要素

西北师范大学石羊河流域综合观测站共设气象观测点 7 个、降水观测点 7 个、地下水观测点 5 个、农田植被土壤观测点 7 个、山地植被土壤观测点 4 个、草原土壤植被观测点 1 个、冰雪融水采样点 3 个、径流采样点（西营河 12 个，冰沟 11 个，干流 8 个）、水文观测点 4 个。

观测要素主要包括：水文（流量、含沙量、冰凌、地表水、地下水、冰川积雪、水化学）；气象（气温、降水、蒸发、气压、相对湿度、日照）；生态（地温、土壤含水量、植被覆盖、生态工程、农田系统）。

参考文献

[1] ZHU G F,YONG L L,ZHAO X,et al. Evaporation,infiltration and storage of soil water in different vegetation zones in the Qilian Mountains: a stable isotope perspective[J]. Hydrology and earth system sciences,2022,2614: 3771-3784.

[2] ZHU G,LIU Y W,SHI P J,et al. Stable water isotope monitoring network of different water bodies in Shiyang River basin,a typical arid river in China[J]. Earth system science data,2022,148: 3773-3789.

[3] LIU Y,ZHU G,ZHANG Z,et al. Isotopic differences in soil-plant-atmosphere continuum composition and control factors of different vegetation zones on the northern slope of the Qilian Mountains[J]. Biogeosciences,2022,193: 877-889.

[4] 杜文涛,秦翔,刘宇硕,等. 1958—2005 年祁连山老虎沟 12 号冰川变化特征研究[J]. 冰川冻土,2008(3): 373-379.

[5] 向鹍. 冰沟河流域土地利用景观格局对河流水化学的影响[D]. 兰州: 西北师范大学,2020.

[6] 周俊菊,向鹍,王兰英,等. 祁连山东部冰沟河流域景观格局与河流水化学特征关系[J]. 生态学杂志,2019,38(12): 3779-3788.

[7] 范景鹏. 困难面前不低头敢把沙漠变绿洲——甘肃古浪县八步沙林场"六老汉"治沙造林精神的启示[J]. 党建,2020(4): 51-52.

[8] 唐秀华,李晓凤. 弘扬八步沙精神践行生态文明思想[J]. 区域治理,2019,275(49): 44-46.

[9] 杨自辉,俄有浩. 干旱沙区 46 种木本植物的物候研究——以民勤沙生植物园栽培植物为例[J]. 西北植物学报,2000(6): 1102-1109.

[10] 王大为. 大漠明珠——民勤沙生植物园[J]. 地球,2021(5): 30-35.

[11] 王理德. 民勤沙生植物园建园 28 周年的回顾与展望[J]. 中国植物园,2002: 156-161.

[12] WANG L,ZHU G,QIU D,et al. The use of stable isotopes to determine optimal application of irrigation water to a maize crop[J]. Plant and soil,2022: 45-63.

[13] 康建瑛. 近 50 年石羊河蔡旗站径流长期演变特征及趋势研究[J]. 水资源开发与管理,2022,8(8): 48-52.

[14] 郝固状,甘甫平,闫柏琨,等. 红崖山水库近 20 年面积变化遥感调查及驱动力分析[J]. 国土资源遥感,2021,33(2): 192-201.

[15] 丁宏伟,王贵玲,黄晓辉. 红崖山水库径流量减少与民勤绿洲水资源危机分析[J]. 中国沙漠,2003(1): 86-91.

[16] YANG J X,ZHAO J,ZHU G F,et al. Soil salinization in the oasis areas of downstream inland rivers-case study: Minqin oasis[J]. Quaternary international,2020,537(30): 69-78.

[17] 石万里,刘淑娟,刘世增,等. 人工输水对石羊河下游青土湖区域生态环境的影响分析[J]. 生态学报,2017,37(18): 5951-5960.

第7章

黑河流域实习区

7.1 康乐草原实习区

7.1.1 实习目的

1. 知识与技能

（1）识别康乐草原植被覆盖类型和植物优势种，了解祁连山植被景观的垂直变化；

（2）理解祁连山植被垂直分异的影响因素；

（3）分析山区不同海拔处气候、植被与土壤的关系。

2. 过程与方法

学生以探究观察为主，围绕教师讲解内容，将理论知识与野外实践紧密结合，深化对区域生态环境的认识。

3. 情感、态度与价值观

培养学生正确的生态观。

7.1.2 实习重点及难点

（1）重点：掌握祁连山植被垂直分异规律及其特点；

（2）难点：分析山区不同海拔处气候、植被与土壤之间的关系。

7.1.3 实习路线与主要实习点

（1）实习路线：张掖市—肃南裕固族自治县—康乐镇—康乐草原—石窝会议遗址；

（2）主要实习点：康乐草原。

7.1.4 主要实习内容

1. 康乐草原

了解康乐草原的概况，认识康乐草原植被覆盖类型。

2. 石窝会议遗址

参观石窝会议纪念馆,了解红军西路军在祁连山区的战斗历程。

3. 祁连山北麓植被垂直变化

了解祁连山北麓植被的基本垂直带谱及形成原因。

7.1.5　实习指导

1. 康乐草原

　　肃南裕固族自治县位于甘肃省河西走廊中部、祁连山北麓(北纬 37°28′～39°09′,东经 97°20′～102°13′)。地势南高北低,西高东低,海拔范围 1327～5564 m,相对高差 4237 m,是祁连山的二级阶地。康乐草原位于甘肃省张掖市肃南裕固族自治县康乐镇,距离张掖市 52.6 km,草原总面积约 268 万亩,森林面积约 45 万亩。康乐草原地处祁连山北麓,属于祁连山自然景观垂直分异带中的高山草甸草原,境内有丹霞地质风光区、马场滩草原、康隆寺、雪山探险旅游区和石窝会址等景区。这里风光秀美、气候宜人、交通通信便利,已建成集度假、娱乐和领略民族风情为一体的草原生态旅游景区。

　　康乐草原历史悠久,各族文化交融,史前时期这里就有远古居民居住,先秦时曾是乌孙、月氏游牧地,后为匈奴所占据。民国后,设甘凉道、安肃道管理河西各县。1936 年改甘凉道为第六行政督察区,改安肃道为第七行政监察区,肃南地区大部分属于第七行政监察区管辖。1953 年,经政务院(1954 年改为国务院)批准成立肃南裕固族自治县。

　　裕固族是甘肃特有的三个少数民族之一,为回纥后裔之一。使用东部裕固语、西部裕固语,无文字,通汉语文,信藏传佛教,未婚女子有带头面的习俗,主要从事畜牧业,兼营农业,崇尚骑马和射箭。裕固族以养殖山羊、牦牛和骆驼为主,牧民夏秋季多以帐篷为家。2011 年,裕固族的传统婚俗入选第三批国家级《非物质文化遗产名录》。裕固族有着悠久的历史和独特的文化,它和曾于公元 8 世纪在蒙古高原推翻突厥汗国而建立回纥(后改名回鹘)汗国的维吾尔族以及由漠北迁到河西走廊的河西维吾尔族有密切关系。现今的裕固族是以古代维吾尔人的一支——黄头维吾尔人为主体,融合蒙古族、藏族等民族而形成的。

2. 石窝会议遗址

　　1937 年 3 月,中国工农红军西路军为打通国际路线和建立河西根据地,策应河东红军的行动和西安事变的和平解决,在历经 120 余天的战斗后,因人员锐减、弹尽粮绝被迫转战祁连山中。数千名西路军将士面对危机不屈不挠,先后与马步芳的部队在西牛毛山、马场滩、康隆寺等地进行多次战斗。3 月 14 日傍晚,在肃南石窝山召开了中国工农红军西路军史上最后一次军政委员会扩大会议——石窝会议。会上确定了西路军最后的行动方案,将剩余部队分为三个支队开展战斗。会后,除部分人员在李先念、程世才等同志带领下,从酒泉瓜州县(原安西县)境内突围到达新疆星星峡外,其余两个支队均未成功突围,少部分战士在当地群众帮助下获救返回革命队伍,或返回老家,大部分战士被俘或壮烈牺牲。红军将士具有同仇敌忾、不怕牺牲、顽强拼搏和百折不挠的大无畏英雄气概,追求光明、争取胜利的顽强意志,败而不馁、血战到底的奋斗精神,在祁连山上写下了中国近现代历史乃至人类战争史上的悲壮篇章。

3．祁连山北麓植被垂直变化

祁连山区为典型的高原大陆性气候,自然条件复杂,东西水热条件差异较大,年均温度 $-5\sim11℃$,降水从东向西递减,山区降水量在 $300\sim700$ mm。植被分布因受到东南季风及水热条件再分配和地势格局等因素的共同作用而呈现出独特的垂直地带性分布特征,海拔由低到高分布半荒漠草原、山地荒漠化草原、山地森林草原、高山灌丛草甸、高寒草甸和高寒稀疏草甸,此外,各植被带内的主要物种也有所差异。

7.2　鹰落峡水文站实习区

7.2.1　实习目的

1．知识与技能

(1) 了解鹰落峡水文站的常规观测任务;

(2) 学生能够判断黑河河口断层并识别黑河阶地;

(3) 分析黑河上游气候、土壤和植被分布与水文现状的联系。

2．过程与方法

水文站工作人员讲解,学生实地观察和操作仪器,师生交流。

3．情感态度与价值观

了解鹰落峡水文站的建设过程,体会祖国早期建设者的艰辛。

7.2.2　实习重点与难点

(1) 重点:了解鹰落峡水文站的常规观测任务;

(2) 难点:分析黑河河口断层和河流阶地的形成机制。

7.2.3　实习路线与主要实习点

(1) 实习路线:张掖市—甘州区—鹰落峡水文站—祁连山出山口水库—黑河阶地。

(2) 主要实习点:

① 鹰落峡水文站;

② 祁连山出山口水库;

③ 黑河阶地与黑河河口断层。

7.2.4　主要实习内容

1. 鹰落峡水文站

（1）了解鹰落峡水文站的常规观测任务；
（2）分析鹰落峡水文站的水文效应。

2. 祁连山出山口水库

（1）分析水库的主要功能；
（2）水库的水文和生态效应。

3. 黑河阶地与黑河河口断层

识别黑河阶地和黑河河口断层并分析其形成机制。

7.2.5　实习指导

1. 鹰落峡水文站

鹰落峡水文站是黑河干流出山口的控制性水文站，位于甘肃省张掖市甘州区境内（北纬 38°12′7.5″，东经 100°6′54.4″），始建于 1943 年 10 月，属于国家重要水文站、中央报汛站，是黑河甘蒙跨省区调水的标志性断面，集水面积达 10009 km²，距河源 303 km，也是黑河上游和中游的分界断面。

该站的报汛对于张掖市境内 6 个县（区）的防汛、抗旱、调水等工程都有重要作用。该站在国家防汛指挥部也是一个重点站，其报汛资料直接报至国家防汛指挥部。

鹰落峡水文站（图 7-1）由河道断面和龙电渠两个测验断面组成，水文测验项目包括水位、流量、泥沙、水温、降水、蒸发及辅助项目、土壤墒情等，目前实现自动化监测的项目只有降水量观测，流量测验均采用流速面积法测流，而资料整编采用临时曲线推流。

图 7-1　鹰落峡水文站

鹰落峡水文站上游有龙首一级、西流水、大孤山和小孤山等梯级电站调控,径流过程受人类活动影响。距离测验断面上游 2 km 的是龙首一级电站,1.5 km 处有拦河节制闸进行调节,从而为龙电渠分水。因梯级电站的建设起到了拦洪错峰的作用,从而在一定程度上减轻了下游的防洪压力。

自 2000 年以来,鹰落峡水文站河道断面实测洪峰流量超过 600 m³/s 的年份分别有 2008 年、2011 年和 2016 年,其中最大流量为 639 m³/s;500~600 m³/s 的年份分别为 2004 年、2014 年和 2019 年,其中最大流量为 569 m³/s。2016 年 3 月动工修建黄藏寺水库,总库容为 4.03 亿 m³。水库建成后增强了对径流的调蓄能力,进一步增强拦洪削峰作用,不但对鹰落峡水文站洪峰流量起到调控作用,而且预期超过 500 m³/s 洪峰流量出现频次较历年相对减少。洪水总量不变的情况下,洪峰流量相对较小,洪水过程较长,因此峰形将呈现矮胖形。

2. 祁连山出山口水库

1)主要功能

(1)蓄水、调节洪峰。祁连山出山口水库利用山地地形的天然优势,汇聚山区降水形成径流,减少径流下渗散失,且山区水库由于形状、气温等因素的影响,其蒸发量一般较小,因此具有很好的蓄水功能;此外,出山口水库蓄积的水在枯水期可以补给河流水量,在汛期还可以蓄积降水,调节洪峰。

(2)统计黑河上游水文数据。鹰落峡水文站位于黑河上游,是黑河中上游的分界线。鹰落峡水文站可记录通过鹰落峡断面的河流径流量,自 1943 年建站以来,至今已有 80 多年的水文资料,可为黑河流域水资源利用提供数据资料支持。

(3)分析黑河河流补给来源。河流补给来源有降水、地下水、冰川积雪融水、湖泊、沼泽等,可通过黄藏寺断面多年平均径流量以及鹰落峡断面多年平均径流量相减来计算黑河上游水量,黑河来水主要由祁连山区降水补给,其次是冰川融水和地下水补给。

2)黑河出山口水库的水文和生态效应

(1)影响河流水文、水动力和水质的变化。水库大坝泄流起到了削峰以及在枯水期进行调节的作用,减弱河流水文情势的季节性变化,改变流量极值的发生时间、频率、大小和持续时间。

(2)影响泥沙、地貌、浮游生物和附着的水生生物的变化。水库闸坝引起下游水位和流量降低,改变泥沙沉积状态,减弱河流纵向、横向和垂向连通性,使河流沿岸遭到破坏。

(3)由于前两种影响的直接和间接作用,对河流及沿岸带生物所造成的影响主要是鱼类、鸟类和哺乳动物的变化,例如,水文、水动力和物理、化学条件的变化能显著影响鱼类、鸟类的洄游和迁徙等。

3. 黑河阶地

黑河发源于祁连山地,由于断层的存在,导致黑河两侧河流阶地发育不同。在断层上升盘的黑河左岸谷坡上发育了 6 级阶地,自下而上,第 1 级阶地拔河约 10 m,只有局部保留;第 2 级阶地拔河 28 m,为基座阶地,阶面宽 20 m;第 3 级阶地拔河 45 m,为基座阶地,阶面宽 500 m；第 4 级阶地拔河 56 m，为基座阶地，阶面宽 200 m 以上；第 5 级阶地拔河 75 m，为基座阶地；第 6 级阶地拔河 113 m，为基座阶地。阶地上都沉积了 1～2 m 厚的黄土，2 级阶地砾石层厚 2 m，3 级阶地 1～2 m，4 级阶地约 3 m。在断层陡坎东北侧断层下降盘上发育了 4 级阶地，自下而上，第 1 级阶地拔河约 10 m，为基座阶地；第 2 级阶地拔河 26 m，为基座阶地；第 3 级阶地拔河 41 m，为基座阶地，阶面宽 500 m 以上；第 4 级阶地拔河 46 m，向西北与洪积平原相接。

4. 黑河河口断层

黑河河口断层，北西向延伸，西南方向倾斜，倾角位于 40°～50°。断层处岩石多为上盘奥陶系黑色板岩，下盘上新统橘红色粉黏土层，上盘老下盘新是一个逆断层，并且冲断层上盘上铺有一个 2 m 左右的砾石层，其上又有灰黄色粉沙，下盘上部为钙质半胶结砾石层约 17 m，其上有 2 m 左右的灰黄色粉沙层，这个断层延伸了 50 多 km。另一个断层上盘老下盘新，也是一个逆断层，其上有砾石层河流相沉积，断层形成在前沉积在后。

7.3　龙首梯级水电站实习区

7.3.1　实习目的

1. 知识与技能

(1) 了解龙首梯级水电站的概况；

(2) 了解龙首梯级水电站的组成和建设过程；

(3) 认识龙首梯级水电站对生态环境和水循环的影响。

2. 过程与方法

学生观察探究，教师讲解，师生讨论。

3. 情感态度与价值观

培养学生正确的环境观和资源观。

7.3.2　实习重点与难点

(1) 重点：了解梯级水电站的概况；

(2) 难点：认识龙首梯级水电站对水文生态影响和社会经济价值。

7.3.3　实习路线与主要实习点

(1) 实习路线：张掖市—龙首梯级水电站实习区；

(2) 主要实习点：龙首梯级水电站。

7.3.4　主要实习内容

(1) 了解龙首梯级水电站概况；

(2) 认识龙首梯级水电站的水文生态影响和社会经济价值。

7.3.5　实习指导

　　根据规划,拟在黑河黄藏寺—鹰落峡河段开发建设梯级水电站9座,分别是黄藏寺、三道里沟、臭牛沟、三道湾、松木沟、大孤山、小孤山、龙首二级和龙首一级。现已建成投入运行的有黄藏寺、龙首一级、龙首二级3座水电站,其他水电站正在建设与勘察设计中。早在1977年建成的龙渠水电站引水渠节制闸就在鹰落峡水文站测验断面上游约1 km处。总装机容量1000 MW。

　　龙首一级水电站位于甘肃省张掖市西南约30 km的黑河中上游,工程以发电为主,电站总装机容量59 MW,设计水库总库容1320万 m^3,正常蓄水位1748.00 m,校核洪水位1749.40 m,2001年7月竣工。枢纽由拦河大坝、引水系统和发电厂房组成,为三等中型工程,拦河大坝由碾压混凝土拱坝、左岸碾压混凝土重力坝和右岸推力墩组成,坝顶高程1751.50 m。

　　龙首二级(西流水)水电站位于黑河峡谷下游段,地处肃南裕固族自治县境内,距张掖市53.8 km,是黑河梯级开发的第7座电站。坝型为混凝土面板堆石坝,设计最大坝高146.50 m,装机容量157 MW,年发电量5.28亿 kW·h。工程由泄洪(排沙)洞、导流洞、溢洪道、大坝、引水发电洞、高压管道、电站厂房等组成。设计流量118 m^3/s,设计流速4.17 m/s。

　　由于自然条件和技术上的限制,必须对河流进行分段开发,即自河流的上游开始,由上而下地拟定一个河段接一个河段的水利枢纽系列,呈阶梯状的分布形式,这样的开发方式称为梯级开发。通过梯级水电开发方式所建成的各级水电站,称为梯级式水电站。实际生活中常说的梯级水电站,着重指水能资源开发中相邻联系比较密切、相互影响比较显著、地理位置相对靠近的水电站群。

7.4　张掖七彩丹霞实习区

7.4.1　实习目的

1. 知识与技能

(1) 了解冰沟丹霞和彩色丘陵地貌的主要类型及其特征；

(2) 分析冰沟丹霞和彩色丘陵地貌形成的地质背景和气候、水文、植被等因素；

(3) 对比分析典型丹霞地貌、非典型丹霞地貌以及彩色丘陵的异同；

(4) 分析冰沟丹霞和彩色丘陵的旅游价值。

2. 过程与方法

学生观察,教师讲解,师生讨论。

3. 情感态度与价值观

培养学生可持续发展观。

7.4.2　实习重点与难点

(1) 重点：了解丹霞地貌形成原因及形成过程；
(2) 难点：对比典型丹霞地貌、非典型丹霞地貌与彩色丘陵地貌的异同。

7.4.3　实习路线与主要实习点

(1) 实习路线：张掖市—冰沟丹霞—张掖国家地质公园；
(2) 实习地点：张掖市肃南裕固族自治县。

肃南县位于北纬 37°28′～39°04′，东经 97°20′～102°13′，河西走廊中南部，祁连山北面。该县东西长 650 km，南北宽 120～200 km，平均海拔 3200 m，地形狭长、地貌形态复杂。肃南县境内分布 13 个小流域（总面积达 2.15 万 km²），冰川 964 条，大小河流 33 条，年径流量为 43 亿 m³。黑河、石羊河、疏勒河三大内陆河及其支流流经或发源于此，是中国西部重要的生态安全屏障和黄河流域重要的水源涵养区，也是我国生物多样性优先保护的区域。

7.4.4　主要实习内容

1. 冰沟丹霞

(1) 认识冰沟丹霞地貌的基本特征，掌握冰沟丹霞的特点；
(2) 分析冰沟丹霞的形成原因。

2. 张掖国家地质公园

(1) 了解彩色丘陵地貌的基本特征；
(2) 区分丹霞地貌和彩色丘陵地貌。

7.4.5　实习指导

1. 冰沟丹霞概况

冰沟丹霞是由白垩纪下统新民堡群下部的褐红色泥岩、页岩、粉砂岩及淡红色含砾粗砂岩、砂砾岩、砾岩所构成。因砂砾岩较坚硬，经风化后形成相对凸出的层状岩凸，它们限制了上方泥岩侵蚀，使该岩墩上方形成凸包状，也保护下方泥岩使其不受侵蚀而形成小的颈部并与岩墩主体相连。

冰沟丹霞地貌区是张掖丹霞国家地质公园的重要组成部分，是张掖丹霞地貌最集中、最精华的区域之一，位于张掖市肃南裕固族自治县康乐镇西北 3.5 km 一带，东距甘州城区 52 km，西距肃南县城 38 km,海拔 1500~2550 m。这里的丹霞地貌由白垩纪褐红色泥岩、页岩、粉砂岩及淡红色含砾粗砂岩、砂砾岩、砾岩构成,是我国西北干旱地区最具典型的丹霞地貌,有中国发育最好的柱廊状宫殿式丹霞地貌和窗棂状宫殿式丹霞地貌,就全国来说也是规模最大、发育最完整、造型最为奇特的景区之一,有极高的观赏价值和科研价值。

冰沟丹霞是在漫长历史时期经过大自然亿万年雕琢而形成的产物。地质构造是由岩石堆积形成的,主要发育于侏罗纪至第三纪晚期的水平或缓倾的红色地层中。据有关地质调查资料显示,祁连山这一带的岩石组成十分复杂,有火山岩、砾岩、砂岩、泥岩等,由于火山岩、砾岩质地坚硬,而砂岩、泥岩质地松软,经过漫长的地质构造,风吹、日晒、雨淋、冻融等种种风化侵蚀,使得松软的泥岩被不断地剥蚀崩塌,留下坚硬的岩层形成千姿百态的丹霞地貌。冰沟丹霞主要分为三种类型,即初期发育的巷谷式,中期发育的窗棂状宫殿式以及晚期的柱状式。

冰沟丹霞以砂岩地貌遗迹景观为主体,是国内窗棂状宫殿发育最好、规模最大的地质地貌遗迹,是"砂岩窗棂状构造"的命名地。砂岩窗棂状构造为西北干旱区特有的砂岩地貌形态,其整体结构犹如宏伟的宫殿建筑,横向上由凹凸叠置、软硬相间的泥岩、砂岩等岩石组成,由于差异风化的作用使得硬度较低的泥岩形成相对的凹槽,而硬度较高的砾岩则形成了凸棱,垂直向上由许多泥流物质构成泥挂,局部地段则形成泥钟乳,上述格局尤似窗棂,整体组合形态犹如宫殿,是最神奇的地质形态之一。这种宫殿式丹霞地貌由山峰和巨石组成,形似欧洲中世纪的城堡和宫殿。

2. 张掖国家地质公园七彩丹霞

1) 概况

甘肃张掖丹霞地貌群,俗称"张掖丹霞",由"七彩丹霞"和"水沟丹霞"组成。张掖七彩丹霞奇观坐落于祁连山北麓,海拔高度 2000~3800 m,东西长约 40 km,南北宽 5~10 km,是中国丹霞地貌最发育、造型最丰富的地区之一。在七彩丹霞景区,数以千计的悬崖山峦全部呈现出鲜艳的丹绝色和红褐色,相互映衬,展示出"色如渥丹、灿若明霞"的奇妙丹霞地貌。丹霞地貌造型奇特,色彩斑斓,气势磅礴,把祁连山雕琢得奇峰突起,峻岭横生,五彩斑斓,当地少数民族把这种奇特的山景称为"阿兰拉格达"(意为红色的山)。

2) 张掖七彩丹霞的形成过程

张掖的七彩丹霞成型于 6500 万年前的白垩纪,埋压于地层深处的三价铁离子、五价铁离子等矿物质,在不同温度与压力下呈现出了不同的色彩,后经地壳运动,断层升降而裸露于地表,又经千百万年的风蚀水融,构成奇特的丹霞地貌。丹霞是地理学上很重要的名词,它是指红色砂岩经长期风化剥离和流水侵蚀,形成孤立的山峰和陡峭的奇岩怪石,是巨厚红色砂岩、砾岩层中沿垂直节理发育的各种丹霞奇峰的统称(图 7-2)。

丹霞地貌发育的地层为白垩纪中下统碎屑岩地层,丹霞地貌发育在厚层状紫红色砂岩、砾岩夹砂砾岩中,该地层总厚度大于 674 m。祁连山造带山前断裂带附近经历喜马拉雅的造山运动,地层不同程度的抬升,产生了大量的断裂及褶皱等构造形态,因此形成了丹霞地貌和彩色丘陵。山麓地带强降水产生的水蚀作用和河西走廊强劲的风蚀作用以及崩塌为丹霞地貌的形成提供了外动力条件。

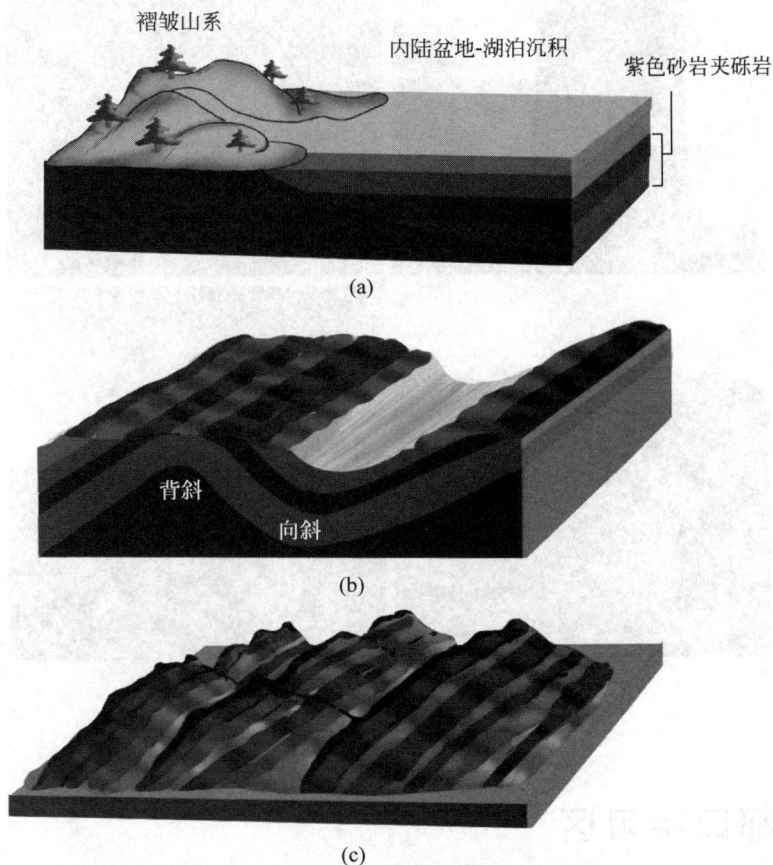

图 7-2　丹霞地貌形成过程

(a) 湖泊沉积；(b) 构造运动；(c) 彩色丘陵

3）张掖七彩丹霞的旅游开发

张掖七彩丹霞景区在 2011 年被国土资源部批准为国家级地质公园(图 7-3)。张掖七彩丹霞主要有七彩峡、七彩塔、七彩屏、七彩练、七彩湖、七彩大扇贝、火海、刀山等奇妙景观，是旅游览胜、休闲度假、摄影采风、写生作画的理想之地。

2020 年 7 月 7 日，中国甘肃张掖地质公园晋级"联合国教科文组织世界地质公园"。张掖地质公园是中国彩色丹霞和窗棂状宫殿式丹霞的典型代表，具有很高的科考和旅游观赏价值。张掖七彩丹霞景区主要发育由 1.35 亿年至 6500 万年前的白垩纪"红层"，厚层砾岩和砂岩经构造运动、流水与风力侵蚀作用而形成的彩色丘陵地貌，是全球唯一、中国独有的神奇地貌。经专家研究考证，彩色丘陵地层的形成是以百万年为地貌单元，是不可再生、不可复制的地质遗迹。

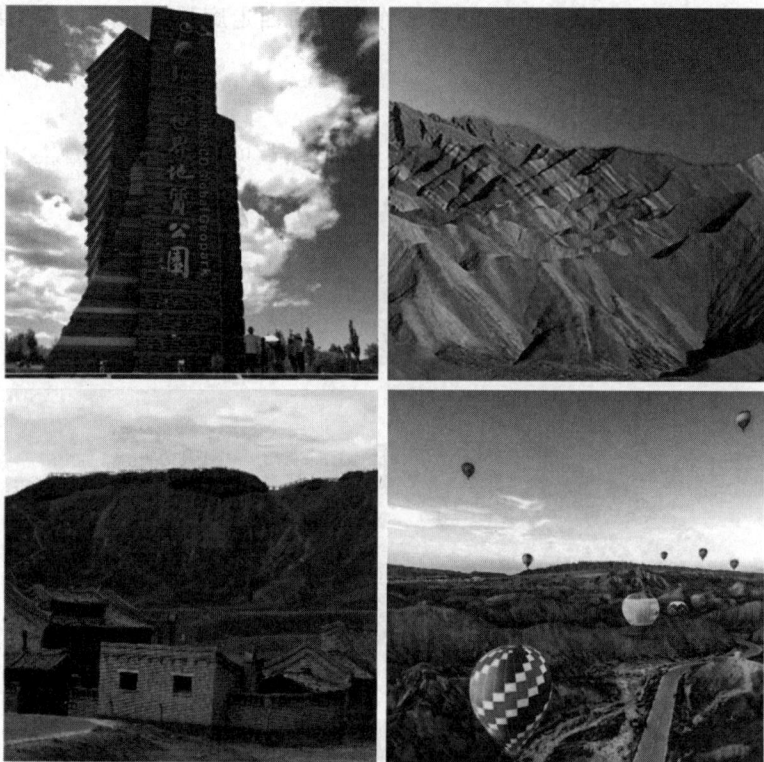

图 7-3　张掖七彩丹霞地貌

7.5　扁都口实习区

7.5.1　实习目的

1. 知识与技能

（1）了解扁都口区域气候、水文、植被和地质地貌概况；
（2）了解扁都口旅游资源发展现状；
（3）从历史地理视角分析扁都口历史时期的军事作用。

2. 过程与方法

教师讲解，学生实地考察，师生讨论。

3. 情感态度与价值观

培养学生树立正确的历史观、民族观和人地协调观。

7.5.2　实习重点和难点

（1）重点：了解扁都口区域气候、水文、植被和地质地貌概况；

（2）难点：分析扁都口历史时期的军事政治作用和现在的生态价值。

7.5.3　实习路线与主要实习点

（1）实习路线：张掖市—扁都口生态旅游区—娘娘坟—油菜花田—山丹军马场；
（2）主要实习点：扁都口生态旅游区。

7.5.4　主要实习内容

1. 扁都口生态旅游区

（1）实地考察祁连山峡口扁都口；
（2）了解扁都口生态环境建设及其治理成果。

2. 娘娘坟

考察分析扁都口历史时期的军事政治作用。

3. 山丹军马场

（1）了解山丹军马场的气候、水文概况；
（2）了解山丹军马场的发展历史及现状。

7.5.5　实习指导

1. 扁都口生态旅游区

扁都口位于民乐县南丰镇境内，北距县城约 27 km，南北长 10 km，东西宽约 6 km，总面积 60 km²，核心区面积 9 km²，范围涵盖南丰镇，曾被称为"一夫当关，万夫莫开"的险关要隘，大部分地区海拔在 3500～4500 m。夏季最高气温不超过 30℃，冬季最低气温达到 −20℃。扁都口是通往甘、青的咽喉，两山夹峙，群峰叠嶂，地理位置非常重要，是历代兵家的必争之地，有河西走廊南大门之称，是历代封建王朝设防的重地。

扁都口有高原草场、万亩油菜花耕地，这些特色资源适于开展油菜花欣赏、田园牧歌体验、生态休闲等旅游活动。扁都口景区（图 7-4）不仅有扁都峡谷、黑风洞等自然景观，还有娘娘坟、石佛爷岩画、诸葛碑、西路军小路等人文景观。

1) 扁都口历史地理沿革

扁都口自汉唐以来，一直是西部羌、匈奴、突厥、回纥、吐谷浑、吐蕃等民族相互联系和出入甘、青之间的重要通道。因其特殊的地理位置和险峻的山势，自古以来便是兵家必争之地，也是商族通行的交通要道。中国古代丝绸之路的南路便是从青海经大斗拔谷入西域。大斗拔谷蜿蜒于群山之间，崎岖险峻，由于海拔高，气温落差大，天气变幻无常，时有六月飞雪。而在这条天然通道上，千年以来也断不了兵马的印迹，相继演绎出许多悲壮奇绝的历史故事。

早在西汉，为解除匈奴的威胁，打通西域通道，汉武帝派遣张骞出使西域。张骞率百余人自长安、经陇西、过黄河、沿祁连山西行，出扁都口进入河西走廊，未曾想在焉支山下被匈

图 7-4　扁都口生态旅游区

奴俘获,为奴十年方得一机会逃脱。公元前 121 年,骠骑将军霍去病沿着张骞走过的路线征讨匈奴,神兵奇出扁都口,深入匈奴驻地千余里,把匈奴打得措手不及,迫使匈奴远迁漠北,河西从此归属汉朝版图。

隋朝时,少数民族首领吐谷浑先后统治了青海、甘南和四川西北地区的羌氐部落,并建立国家,利用大斗拔谷通道,频频越过祁连山袭掠河西,从而引发了隋炀帝对吐谷浑的战争。隋大业五年(公元 609 年),隋炀帝亲率大军远征青海,大破吐谷浑。而后为彰显国威,打通丝绸之路,便由青海经大斗拔谷穿越祁连山来到河西走廊,在焉支山下会见了西域 27 国的君主使臣,当时在暴风雪袭击下"士卒冻死大半",此事在《隋书·炀帝纪》中有记载。

此外,北凉沮渠蒙逊和南凉几次交战,唐名将杜宾客大战吐蕃,成吉思汗夺取西宁,闯王李自成部将贺锦攻占青海,康熙、雍正、乾隆分别平定准噶尔等很多战役都是取道扁都口而进出的。

1949 年 9 月,中国历史发生了翻天覆地的变化,中国人民解放军以摧枯拉朽之势大举西进,解放大西北。西北野战军前部步兵第五师为截击由乌鞘岭西逃之敌,经由大斗拔谷长驱直入横穿祁连山。不巧的是,过大垭时竟也碰到了隋炀帝同样的遭遇,前卫十四团挺进途中,漫天风雪封锁峡谷,气温骤降,身着单衣的 153 名英雄子弟兵长眠在大斗拔谷内,留下了战争史上极为悲壮的一页。随后,王震将军率领的中国人民解放军第一野战军一部从青海进入扁都口,一夜疾驰,似天兵天将一般突然出现在炒面庄的国民党守军面前,一举解放民乐城。

2) 扁都口生态建设与生态环境治理

扁都口(图 7-4)是位于祁连山中部的峡口,既是祁连山区水源涵养的重要区域,又是牧民赖以生存的家园。随着生态文明建设系列思想的提出,政府和人民对生态环境的保护意识越来越强,民乐县委、县政府通过实施封山育林、退耕还林还草、改变牧民传统放牧方式、开发扁都口旅游资源等一系列措施,使扁都口生态环境治理取得显著成效。现在,民乐县扁都口的天然森林浓郁葱茏,涵养的水源从益德干渠中急速流淌,浇灌着山下肥沃的农田。山坡草原使用铁丝网围栏,招鹰灭鼠墩合理布局,使绿草浓密旺盛,生态绿色版图得以延伸扩展。

2. 娘娘坟

娘娘坟又称公主坟,位于扁都口的一处山坡上,没有庞大的墓室,没有墓碑,没有碑文之类的文字记载。坟内的主人应是隋朝的乐平公主、隋炀帝的姐姐、北周宣帝宇文赟的天元皇后杨丽华。据记载,隋炀帝一行于七月中旬到达民乐县南端的祁连山扁都口,突然遇到降雪天气,包括杨丽华在内的多位亲贵和大臣或病或亡。《周书·卷九·列传第一》中记载:宣帝杨皇后,名丽华,隋文帝长女。帝在东宫,高祖为帝纳后为皇太子妃……开皇六年(公元586年),封后为乐平公主。后又议夺其志,后誓不许,乃止。大业五年,从炀帝幸张掖,殂于河西,年四十九。炀帝还京,诏有司备礼,附葬后于定陵。娘娘坟应是杨皇后的衣冠冢,此外,也有猜测可能为隋炀帝随行嫔妃的坟墓。

3. 山丹军马场

山丹军马场位于河西走廊中部(图 7-5),祁连山冷龙岭北麓的大马营草原,地跨甘、青两省,毗邻三市(州)六县,南有祁连山,北有焉支山,属温带大陆性气候,干燥少雨,牧草丰盛,原为亚洲第一,世界第二军马场,在苏联顿河马场解体后,占据世界第一的位置。山丹军马场海拔 2420～4933 m,气候冷凉,年平均气温大约 0℃,无霜期 100 d 左右,年平均降水量360 mm。境内土地、煤炭资源、旅游等资源比较丰富。总面积 329.54 万亩,其中草原 184.98 万亩,耕地 40.3 万亩。西北部开垦为耕地,种植啤酒大麦、油菜、青稞,发展种植业,有一定的加工工业,发展牛羊产品,开辟旅游业。畜牧业打破单一养马的经营格局,着力发展牛羊生产,大力发展农区畜牧业,实现了养殖业内部的整合,生产潜力得到发挥,形成多元化规模优势。

图 7-5 山丹军马场

汉元鼎四年(公元前 113 年),汉武帝梦骏马生渥洼水中,于是下诏在中央王朝设苑马司负责马政,在大马营草原设置牧师苑。大马营草原位于河西敦煌、酒泉、张掖、武威四郡中部,有天然大草场和丰盛的水源,历代王朝大军可从这里不断得到军马补充。至北魏太延五年(公元 439 年),在结束了河西"五凉纷争"之后,北方得到统一。扩充后的大马营草原,数十年养殖马匹数量高达 200 万匹,骆驼 100 万峰,牛羊无数。隋大业五年(公元 609 年),隋炀帝西巡张掖,御驾焉支山,亲临大马营草滩,并下令在大马营草滩设牧监,牧养官马。唐朝初年,唐太宗李世民命太仆张景顺主持牧马 24 年,唐代养马极盛时期已逾 7 万匹以上。元至元八年(公元 1271 年),元世祖在宋朝、西夏统治期间废弃了二百多年的大马营草原上重新设置了皇家马场,派千户一名镇守负责。明弘治十七年(公元 1504 年),重建大马营草原马场公署、住房、仓库及马厩,当时养马 4 万余匹。清嘉庆六年(公元 1801 年),大马营草滩养马 1.8 万匹。清道光十八年(公元 1838 年)已达 2 万匹,晚清时局动荡,马政衰微,只有马数百匹。1949 年 9 月 21 日,中国人民解放军正式接管山丹军马场,隶属解放军总后勤部,后又由兰州军区联勤部接管培育战马,2001 年交由企业接管,实现由军队保障性事业单位向社会化企业的转变。

7.6　张掖湿地实习区

7.6.1　实习目的

1. 知识与技能

(1) 了解黑河中游地区湿地的成因及其分布;
(2) 了解湿地的生态功能与价值;
(3) 分析人工湿地建设的利弊。

2. 过程与方法

学生以探究观察为主,围绕教师讲解内容,将理论知识与野外实践紧密结合,深化对于区域生态环境与历史人文的认识。

3. 情感态度与价值观

培养学生树立人地关系协调的发展观。

7.6.2　实习重点及难点

(1) 重点:理解湿地的概念及其生态功能;
(2) 难点:了解湿地的生态功能与价值,分析人工湿地建设的利弊。

7.6.3　实习路线与主要实习点

(1) 实习路线:张掖市—甘州区—张掖国家湿地公园—小海子水库—马尾湖水库;

（2）主要实习点：黑河流域。

黑河为中国第二大内陆水系（北纬 38°～42°，东经 98°～ 101°30′），发源于青海省祁连山区的冰川和积雪带，流经甘肃省进入内蒙古自治区额济纳旗，最终汇入东、西居延海。黑河全长 810 km，流域面积 14.29 万 km²。黑河出山口莺落峡以上的祁连山区为黑河流域的上游，海拔 1700～5564 m，区域内多年平均气温 −3.10～3.60℃，年均蒸发量 700 mm 左右。莺落峡至正义峡之间的区域为黑河流域的中游，主要由张掖盆地和酒泉盆地组成，海拔 1352～1700 m，区域内多年平均气温 5～8℃，年均降水量 100～250 mm，年均蒸发量 2000～3000 mm。中游绿洲光热资源丰富，无霜期短，日照时数长，集中了全流域 91% 的人口、83% 的用水量和 95% 的耕地。上游山区来水是流域内水资源主要来源，中游是黑河流域水资源的主要耗水区。正义峡以北的区域为黑河流域的下游，海拔 912～1249 m，年日照时间长达 3325.60～3434.40 h。下游大部分地区为荒漠戈壁，年降水量低于 50 mm，最少年份仅 17 mm，气候极端干旱，是黑河流域严重缺水区和生态环境脆弱区。

黑河流域的植被垂直分布规律性明显，尤其是在上游祁连山区，海拔 4000～4500 m 为高山垫状植被带，3800～4000 m 为高山草甸植被带，3200～3800 m 为高山灌丛草甸带，2000～3200 m 为草原化荒漠带；而中下游广阔的戈壁荒漠区，分布着地带性的温带小灌木、半灌木荒漠植被，人工栽培的农作物和林网主要在绿洲地区。下游冲积平原的主要荒漠植被是胡杨、梭梭、沙枣、柽柳等。

7.6.4　主要实习内容

1. 张掖国家湿地公园

（1）了解湿地的一般概念与特征；
（2）了解湿地的价值及功能。

2. 小海子水库和马尾湖水库

（1）了解水库近域湿地的分类状况；
（2）了解黑河全流域湿地的分布现状。

7.6.5　实习指导

1. 张掖国家湿地公园

张掖国家湿地公园属于黑河中游祁连山洪积扇前缘和黑河古河道及泛滥平原的潜水溢出地带（图 7-6），位于张掖北郊，黑河东岸，东临昆仑大道，西为 312 国道新河桥，北为兰新铁路，南是北一环路。规划面积 4.135×10⁷ m²。张掖国家湿地公园是由河流、草本沼泽、湿地草甸等天然湿地以及人工湖、池塘、沟渠等人工湿地为主体构成的复合湿地生态系统，公园主体位于城区北郊地下水溢出地带，与城区毗邻，是离城市最近的湿地公园，也是内陆河流域上的第一个国家湿地公园。2014 年张掖市湿地资源调查统计结果表明，全市湿地有 2 个大类 4 个类型 13 个类别，总面积 21.04 万 hm²，其中天然湿地面积 19.97 万 hm²，分为河流湿地、湖泊湿地及沼泽湿地 3 个类型，包括永久性河流、季节性河流、洪泛平原湿地、永久性淡水湖、季节性淡水湖、草本沼泽、高山湿地、灌丛湿地、内陆盐沼共 9 个类别。人工湿地面积 1.07 万 hm^2，占全市湿地总面积的 5.1%，包括水产池塘、灌溉地、蓄水区、盐田 4 个类别。

张掖国家湿地公园气候属明显的温带大陆性干旱气候，其显著特点是：降水稀少而集中，年降水量仅为 129 mm，在时间分布上，多集中在 6—9 月，约占全年总量的 71.9%，春季降水仅占 14%，年内降水分布不均匀，年际变化较大。张掖国家湿地公园蒸发强烈，年平均蒸发量 2047 mm，干旱指数高达 10.3。日照充足，温差大，年日照时数为 3085 h；年平均气温为 7.4℃，最高气温为 37.4℃，最低气温为 −28℃，无霜期 153 d。全年盛行西北风，年均风速 2 m/s，最大风速 36 m/s，年均大风日数 14.9 d，最多天数 40 d，最少 3 d，年均沙尘暴日数 20.3 d，最多 33 d，最少 14 d。灾害性天气有大风、沙尘暴、干热风、干旱、霜冻、初春低温等。

湿地地处水陆过渡带，又有与陆地相似的光、温和气体交换条件，并以高等植物为主要的初级生产者，是地球上生物多样性丰富的地区之一，因而具有较高的生产能力。

图 7-6　张掖国家湿地公园

湿地的不同生态功能：

（1）提供天然食品。湿地类型多样，因而湿地所提供的天然产品也极其丰富。苔藓类沼泽可提取泥炭，草本沼泽可以供给药材及饲草原料，森林湿地能带给人类木材、果实，河流及湖泊湿地可提供鱼虾等水产品。

（2）能源生产。湿地不仅能提供天然产品，而且还是能源生产基地，如利用泥炭薪柴转化能源用于居民生活和工业燃料，此外，河流湿地还可以用于发电。

（3）调蓄功能。调蓄功能一方面依靠蓄水过程中的蒸发和渗透来调节水量，另一方面湿地依其植被来缓解洪水流速，降低下游洪峰水位。虽然河流、湖泊还有沼泽在此方面都充分发挥作用，但其中沼泽地发挥的作用最大；沼泽湿地是一个巨大的生物蓄水库，它能保持大于其土壤本身重量一倍或更高的蓄水量。遇到干旱,人工湿地——水库可利用库容水量为下游及周边地区供水,其调蓄功能不容忽视。

(4) 污染物降解。湿地有助于减缓水流的速度,当含有毒物和杂质农药的生活污水和工业排放物的流水经过湿地时,水流流速减慢,有利于毒物和杂质的沉降和排除。此外,一些湿地植物像芦苇、水湖莲等也能有效吸收有毒物质。

(5) 影响气候功能。气候与经纬度和地球下垫面有关,湿地对气候的影响,主要表现在气温和大气湿度两方面。

(6) 净化水质功能。湿地因其特殊的植被结构类型和土壤结构,具有很强的水土保持能力。由基底土壤和上层植被所构成的物理模型可以直接实现蓄水,具有较强的吸水能力和透水性。雨季时,可以有效防止雨滴击溅土壤,维持土壤结构性和抗蚀力,拦蓄和渗透降水,分散、滞缓地表径流,过滤地表径流、避免土沙进入河流和水库。湿地的过滤与净化过程是通过减缓水流的速度,增加水在固定载体中的停留时间,使含有毒物和杂质(农药、生活污水和工业排放物)的流水经过湿地时流速减慢,从而使毒物和杂质得以被吸附、降解、沉淀和排除,使潜在的污染物转化为资源。

(7) 提供栖息繁殖地。湿地是众多鸟类、鱼类、贝类、两栖动物、爬行动物的繁殖、栖息、迁徙、越冬场所,更是植物的基因库。仅在中国,海岸带湿地生物种类就达 8300 种,其中植物 5000 种,动物 3300 种,内陆湿地高等植物约 1548 种、高等动物 1500 多种。

(8) 供水功能。湿地供水方式分为直接利用湿地水资源和间接利用湿地水资源。野生动物、植物的生存汲水以及农牧区人民生活用水均为直接利用湿地资源;间接利用湿地水资源,即通过地表及地下水循环进行必要的处理后加以利用,间接利用更为普遍。

(9) 缓解沿海风暴潮灾害。湿地植被可以抵御海浪、台风和风暴的冲击力,预防对海岸的侵蚀,同时它们的根系可以固定堤岸和海岸。

(10) 补给地下水。我们平时所用的水源有很多是从地下开采而来的,湿地可以为地下蓄水层补充水源,从湿地到蓄水层的水可以成为地下水系统的一部分。

(11) 科研与旅游功能。湿地具有生物多样性,为人类生存和生态平衡带来诸多益处,因而设立教育和科研基地,加强人类对湿地保护、利用与管理,显得尤为重要,许多重要的休闲和旅游风景区都建在湿地区,如太湖湿地公园、莲花湖湿地公园等休闲、疗养和观光场所。

2. 小海子水库

小海子水库位于河西走廊的张掖市高台县南华镇小海子村南,距县城约 15 km,是一座旁注式中型平原洼地水库,水库通过引黑河水调蓄。水库分隔为上中下三库,水库始建于 1958 年,分别于 1984 年、1987 年、1990 年、2004 年、2016 年加固。

上库修建于 1958 年,正常蓄水位 1368.5 m,库容 66.8 万 m^3;中库修建于 1958 年,面积、库容均为最大,正常蓄水位 1368.1 m,库容 518.1 万 m^3;下库修建于 2004 年,2023 年最高蓄水位 1368.1 m,库容 463.2 万 m^3。小海子水库总库容 1048.1 万 m^3,大坝最高高度 8.72 m,水深最深处达 6.32 m,面积 5.4 km^2,占地面积超过 8000 亩。

小海子水库主要作用是解决灌溉用水。水库设计的有效灌溉面积 10 万亩,主要供给南华镇、骆驼城镇、巷道镇、宣化镇的 48 个行政村农业用水,担负 6.9 万亩耕地、3.1 万亩林草地的灌溉,年供水量6000万 m^3。此外,该水库在特大汛期有一定的分洪作用,可以复蓄部分的水以供冬灌,保证春季土壤湿度。

小海子水库地处祁连山前冲洪积倾斜平原前缘与细土平原的过渡带上,由南向北缓缓倾斜,地势开阔。地层岩性在地表为第四纪全新统湖沼相堆积或风积层,部分为灰褐色粉细沙、部分为土黄色淤积质沙壤土,一般厚度 0.5~2.5 m;下部为第四系全新统冲洪积层,总厚度 22.5~24.5 m,其中在中、下库西部及西北部分为上下两层,即上层为砖红色或土黄色粉质黏土,厚度 4.1~2.2 m(西厚东薄);下层为灰黄色或青灰色粉细沙、细沙及中粗沙的韵律结构沉积,厚度 20~22 m。在中下库东部地层逐渐演变为黏土层与沙层的互层结构,单层厚 0.8~1.2 m。深部 25 m 以下则为第四系中上更新统巨厚层的砂砾卵石层。

水库所处地质地貌单元决定了地下水的赋存形式为平原松散岩类孔隙水,地下水总的流向自东南向西北,依地下水的埋藏条件可分为潜水和承压水两类。潜水带为表层第四系全新统湖沼相堆积的粉细沙或淤积质沙性土,潜水位埋深 0~1.5 m 不等,主要补给来源为水库蓄水、三清渠引水及周边耕地灌溉;承压水有多个含水层,上层第一个承压含水层顶板即为埋深 0.5~2.5 m,厚度 4.1~2.2 m 的砖红色或土黄色粉质黏土或黏土层,含水层即为下部的沙层,承压水头高于隔水顶板 0.5~1.0 m,水质较差。该层承压水是近几年由于区域地下水位普遍上升而形成的。

3. 马尾湖水库

马尾湖水库位于甘肃省高台县罗城镇境内西北 35 km。水库海拔 1300~1320 m,水域面积 3.9 km^2,由上、下两库组成,其中上库库容 235 万 m^3,下库库容 489.62 万 m^3,总库容 724.62 万 m^3,河堤长度约为 13 km,水库属四等小型工程。水库主要由引水枢纽、引水渠、水库大坝、腰坝输水洞、下库输水洞、腰坝净水闸、输水闸等构筑物组成,是一座以灌溉为主兼顾养殖的旁注式平原洼地水库(图 7-7)。

图 7-7　干旱区水库(小海子水库、马尾湖水库)

该水库始建于 1947 年,于 1948 年建成并投入运行,经 1975 年加高坝体,形成现在的规模。它是甘肃省最早兴建的一座小型洼地水库,担负着罗城灌区 1567.45 万 m² 农田的灌溉任务。它的兴建给 20 世纪 50 年代初期河西地区利用沼泽湖泊修建洼地水库起了表率作用。黑河流经高台县,流向由东南向西北。马尾湖水库利用马尾湖低洼盐碱荒地、湖区地下水位高的特点,围堤修建,每年主要引入黑河春灌后、夏灌前的余水,补充下游灌溉用水不足,以解决高台县罗城镇、金塔县(原属鼎新县范围)芨芨、鼎新、双城等地的用水困难,可改善灌溉面积 3.3 万亩。马尾湖水库以马尾湖、西湖、胭脂堡湖相连三湖为库址,库区平均宽 800 m。

7.7　正义峡水文站实习区

7.7.1　实习目的

1. 知识与技能

(1) 了解正义峡水文站的历史沿革;
(2) 了解正义峡水文站的主要观测要素;
(3) 了解正义峡水文站在黑河流域水文观测系统中的作用。

2. 过程与方法

水文站工作人员讲解,学生实地考察,师生讨论。

3. 情感态度与价值观

培养学生的科学思维能力和吃苦耐劳的精神品质。

7.7.2　实习重点及难点

(1) 重点:了解正义峡水文站的主要观测要素;
(2) 难点:认识正义峡水文站在黑河流域观测系统中的作用。

7.7.3　实习路线与主要实习点

(1) 实习路线:张掖市—高台县—罗城镇—天城村;
(2) 主要实习点:正义峡。
正义峡位于高台县罗城镇天城村西侧,距高台县西北方向 60 km,长约 15 km,地处黑河中下游分界处且处于肃州区、甘州区、内蒙古交界处。正义峡分上、中、下三段,故今又称其为"黑河小三峡"。正义峡周围海拔梯度大,植被覆盖度高,分布大片胡杨林、部分农田、果园、人工林。

7.7.4　主要实习内容

(1) 了解正义峡水文站观测系统;

（2）了解水文资料的获取和使用方式；

（3）熟悉常规水文仪器的操作规范和操作流程。

7.7.5　实习指导

1. 正义峡水文站概况

目前，在黑河流域中上游共设有国家基本水文站 10 个，其中黑河干流水文站 4 个，支流水文站 6 个，与基本雨量站、专用雨量站、专用水位站等初步形成了遍布黑河流域中上游主要河流的水文水资源监测、水情信息传输和预报预警网络。

正义峡水文站位于甘肃省高台县罗城镇天城村（北纬 39°49′，东经 99°28′）。正义峡水文站始建于 1943 年 9 月，1954 年 5 月由甘肃省农林厅水利局复设。测站集水面积 35634 km²，为内陆河流域黑河水系黑河干流中、下游分段坐标，属国家重要水文站、中央报汛站、国家水质监测站及大河控制站（图 7-8）。

图 7-8　正义峡水文站

测验河段顺直，无分流、漫滩，两岸基本稳定，河床多由砾石组成。基本断面上游约 150 m 处，有一弯道，下游约 200 m 处有一弯道，断面稳定，冲淤变化不大，由于上下游均有弯道控制，水位-流量关系稳定，畅流期多年呈单一曲线。含沙量主要集中在洪水期，水沙变化过程基本相应。测验河段内设有上、中、下比降水尺断面，各设立直立式水尺一组，断面处水尺从右岸依次向河心排列。基本水尺断面以下 68.0 m 处右岸有一洪水沟，如遇暴雨发生洪水，将沟中碎石冲积到比降水尺下断面，对比降观测造成一定的影响，但对水位和流量观测基本没有影响。上、下比降水尺断面间距 100 m，基本水尺断面兼比降水尺中断面。

正义峡水文站测验河段位于黑河干流中游,地处亚欧大陆腹地,气候主要受中高纬度西风带环流及极地冷气团影响,一年内大多数时间干燥而少雨,径流量主要由上游祁连山区降水形成,辅以冰川融水和地下水。降水主要集中在 6—9 月,径流量年内分配不均匀,断面处多年平均径流量 10.32 亿 m^3。

由于中游地带为黑河主要的径流消耗区域,区域内地势平坦开阔,光热资源丰富,灌溉农业历史悠久,因此,正义峡站断面上游建有多座水库、灌溉枢纽、引水渠道,致使断面处冬季径流量相对较大,春夏季径流量相对较小。4—6 月由于农业引水灌溉,常发生断流现象。自 2000 年黑河调水以来,年径流量有增加趋势,年平均径流量为 10.82 亿 m^3。受黑河调水影响,洪峰多为陡涨缓落,洪峰已不是天然来水过程,水位有跳跃现象。

2. 黑河分水方案

为了解决黑河中下游用水矛盾以及社会经济发展与生态环境用水之间的矛盾,国家决定对黑河流域水资源实施统一管理和调度。1992 年"九二分水方案"批复,鉴于该方案的可操作性差,在"九二分水方案"的基础上提出了"九七分水方案"。"九七分水方案"即在鹰落峡多年平均来水 15.8 亿 m^3 时,分配正义峡下泄水量 9.5 亿 m^3;鹰落峡 25% 保证率来水 17.1 亿 m^3 时,分配正义峡下泄水量 10.9 亿 m^3。对于枯水年,其水量分配兼顾甘肃、内蒙古两省(区)的用水要求,也考虑甘肃省的节水力度,提出鹰落峡 75% 保证率来水 14.2 亿 m^3 时,正义峡下泄水量 7.6 亿 m^3;鹰落峡 90% 保证率来水 12.9 亿 m^3 时,正义峡下泄水量 6.3 亿 m^3;其他保证率来水时,正义峡下泄水量按以上保证率来水量直线内插求得。

从 2000 年到现在,额济纳旗森林覆盖率由 2.89% 增到 4.3%,胡杨林面积由 2.6 万亩增到 3 万亩,地下水平均回升 40 cm,草地、灌木林面积等均有回升。

7.8　居延海实习区

7.8.1　实习目的

1. 知识与技能

(1) 了解黑河尾闾湖居延海的发展变化过程;

(2) 了解黑河尾闾湖居延海的生态价值;

(3) 了解黑河流域水资源合理分配方案。

2. 过程与方法

学生实地考察,师生讨论。

3. 情感态度与价值观

培养学生树立正确的生态观、资源观和环境观。

7.8.2　实习重点和难点

（1）重点：了解黑河尾闾湖居延海的发展变化过程；

（2）难点：干旱区水资源对社会经济的制约作用和水资源合理分配的重要性。

7.8.3　实习路线与主要实习点

（1）实习路线：张掖市—内蒙古自治区—额济纳旗—居延海；

（2）主要实习点：居延海。

7.8.4　主要实习内容

（1）了解居延海概况及历史变迁；

（2）认识居延海的生态作用。

7.8.5　实习指导

1. 额济纳旗

额济纳旗位于内蒙古自治区最西部地区（北纬 39°52′～42°47′，东经 97°10′～103°7′），东邻阿拉善右旗，西南部与甘肃省酒泉市接壤，北部同蒙古国交界。该地位于中亚荒漠东南部，其西、北、西南三面环山，地形呈扇状，总体呈西南高、北部低的趋势，中部呈低平状。额济纳旗属内陆干燥气候区，具有温差大、日照充足、干旱少雨及风沙天气多发等气候特征。据相关数据统计，额济纳旗年平均温度为 8.3℃，其中 1 月为最冷月，月平均温度为 −11.6℃，极端低温 −36.4℃；7 月为最热月，月平均温度为 26.6℃，极端高温 42.5℃，年平均气温 8.6℃。无霜期天数最短 179 d，最长 227 d。年平均降水量为 35.2 mm，其中 7 月降水量最多，占全年总降水量的 28% 左右；年日照时间为 3406.1 h。受当地地形、气候等多种因素的影响，额济纳旗干旱、高温、大风、沙尘暴及寒潮等气象灾害多发，给人们的生产生活带来不利影响。

2. 居延海

居延海位于阿拉善盟额济纳旗达来呼布镇东北约 40 km 的巴丹吉林沙漠北缘，地处内蒙古自治区额济纳旗北部（北纬 42°33′，东经 100°24′）。近年来，居延海水面面积保持在 37 km² 左右。

居延海为古湖泊名，曾是历史上有名的内陆咸水湖（图 7-9），居延海是我国第二大内陆黑河的尾闾湖。它的源头是甘肃祁连山雪水融化汇集形成的黑河，当湍急的黑河穿过河西走廊流入茫茫戈壁沙漠，到达内蒙古的额济纳旗，在这就被叫作额济纳河，古时称之为"弱水"。额济纳河是居延海最主要的补给水源，再继续蜿蜒北流，流入居延盆地形成湖泊，古人称它为"居延海"。"额济纳"和"居延"都是沿用的西夏语，额济纳是西夏语"亦集乃"的音转，意为"黑水"；"居延"意为"流沙"。沙漠中的居延海，居延海是典型的沙漠游移湖，历史时期其位置和面积大小变化无常。近年来，位于壁深处的居延海湿地得到有效保护，生态环境逐渐改善。居延海是一注入形成的大型沙漠内陆湖泊,20 世纪中后期居延海东西两个湖面先后干涸。自 2000 年开始,水利部连续在黑河流域实施水资源统一调度,向下游干涸多年的居延海输水。自此,于 2003 年东居延海成功蓄水,并在目前水域面积常年保持在 40 km² 左右。不久后西居延海也实现调水成功。居延海湿地聚集的鸟类也由 10 余种增加到 90 种,栖息候鸟数量 6 万余只,最大种群雁类达到 1 万余只。

居延海,在历史上曾颇有名气。汉时称居延泽,唐后统称居延海,居延海一带水草丰美,系内蒙古高原通往河西与西域必经之道,故既是匈奴联络蜡羌与河湟羌共同袭击汉朝的重要据点,又是汉朝出击匈奴的前沿阵地。20 世纪 90 年代完全湮塞干涸。对于古居延泽遗迹的考察,早已受到学界的重视,学者们发现滨湖三角洲上的干河床和呈环状大致平行分布的 6 道湖岸堤,描绘出一定历史时期内水面分布的轮廓,显示出不同时期古居延泽的范围。

查阅史籍,古居延绿洲的军政建制延续至明代初期,当时北元政权在此一度设立亦集乃分省。1374 年以后这里再未有过军政机构设置,亦未出土过此后的遗物,说明其后古绿洲逐渐沙漠化。与此同时,原流向古居延泽的河流干涸断流,古居延泽逐渐失去河水补给,面积逐渐收缩,随着古绿洲水文状况的不断恶化,逐渐趋于干涸。

图 7-9 居延海

7.9 马蹄寺实习区

7.9.1 实习目的

1. 知识与技能

(1) 认识马蹄寺石窟的岩类、岩性,分析马蹄寺石窟建立的地质条件;
(2) 观察不同的石窟,了解汉传佛教与藏传佛教的异同;

（3）了解马蹄寺的建立及其历史沿革,认识河西走廊多元的历史文化;

（4）区分马蹄寺石窟与莫高窟、大佛寺石窟的异同点。

2．过程与方法

学生实地考察,师生讨论。

3．情感、态度与价值观

培养学生尊重不同民族的文化和传统思想,促进民族团结,形成正确的历史观和民族观。

7.9.2　实习重点及难点

（1）重点:了解马蹄寺石窟的岩类、岩性,分析马蹄寺石窟开凿的地质条件;

（2）难点:区分马蹄寺石窟与莫高窟、大佛寺石窟的异同点。

7.9.3　实习路线与主要实习点

（1）实习路线:张掖市—肃南县—马蹄寺;

（2）主要实习点:马蹄寺石窟群。

7.9.4　主要实习内容

（1）了解马蹄寺石窟群基本概况;

（2）了解马蹄寺石窟岩壁的地质构造特点;

（3）了解马蹄寺石窟的发展历程。

7.9.5　实习指导

1．马蹄寺石窟群简介

马蹄寺石窟群地处河西走廊中段的张掖市肃南裕固族自治县马蹄藏族乡境内,距肃南县城约 80 km 的临松山中（北纬 38°25′~38°32′,东经 100°22′~100°30′）,海拔在 2470~2860 m,东靠张掖市民乐县,西临黑河,北接张掖市甘州区,南与青海省祁连县隔山相望。

马蹄寺石窟群作为张掖地区的宗教建筑聚落之一（图 7-10）,大小寺院、石窟均分布于祁连山北麓的马蹄山下,在普光寺的马蹄殿内的石板上有两个极为明显且巨大的马蹄印迹,传说中是天马下凡来到此处饮水留下的,故而得名“马蹄寺”。有古诗《马蹄遗迹》云:“飞空来骥足,马立落高山。入石痕三寸,周规印一圈。”以此延伸出的还有马蹄河、马蹄峡、马蹄殿等系列称谓。马蹄寺石窟群并存汉、藏传佛教遗迹。早期系汉传佛教遗迹,现存有不少北朝至唐代的塑像和壁画遗迹。元代以后藏传佛教在此地扎根,兴盛至今。马蹄寺石窟群由金塔寺、千佛洞、南马蹄寺、北马蹄寺、上观音洞、中观音洞、下观音洞 7 个小石窟群组成,共存 70 余窟龛,塑像 500 余身,壁画 1200 m²,其中包含北魏、西魏、唐、西夏、元、明、清等朝代的洞窟、塑像与壁画；内容主要包括释迦牟尼及其弟子迦叶和阿难像、释迦牟尼苦修像、天王像、飞天像、装饰图案及花卉图等，为中国古代石窟艺术与宗教发展史等方面的研究工作提供了珍贵的实物资料。

图 7-10　马蹄寺石窟群

（1）金塔寺石窟，位于肃南裕固族自治县马蹄藏族乡李家沟村南刺沟内，即马蹄藏族乡政府驻地东南 15 km 处大都麻河西岸的红砂岩崖壁上，现存东、西两个相邻的洞窟。学术界多数学者认为开凿于北魏，后西夏、元、明、清重修。石窟均为中心塔柱窟，洞窟内保存彩塑 260 余身，壁画面积逾 600 m^2。彩塑虽经后代重妆仍难掩早期造像的魅力，内容有说法图、释迦牟尼及其弟子迦叶和阿难像、释迦牟尼苦修像等。金塔寺石窟是现存河西早期石窟里最具文物与艺术价值的石窟，内容丰富，早期塑像数量最多、形象生动、保存状况最好，历来为学者所重视，尤其是窟内残存的西夏、元、明时期的壁画及塑像。

（2）千佛洞石窟，位于马蹄山东入口处，在马蹄藏族乡政府驻地东北约 3 km 处陡峭险峻的崖壁上，前临马蹄河。窟龛依山崖形势而建，其分布情况可划分为西、中、东三段（或南、中、北三段）。西、中两段以洞窟式石窟为主，其中 8 个洞窟有塑像与壁画。东段基本上是浮雕石塔林，共 7 座，雕刻在极易风化的红砂岩上，许多石塔已脱落。

（3）南、北马蹄寺石窟群在马蹄寺千佛洞西段西南约 1 km 处，马蹄藏族乡政府北面的山冈把马蹄寺分隔为两处寺院及石窟群，因其相对位置，民间俗称为北寺和南寺，其在信奉藏传佛教的地区享有一定的声誉，是河西走廊的佛教圣地。

马蹄寺南寺又名胜果寺，始建于明代。该寺建成后请钦差大臣传奏皇帝赐寺名时，朝廷正得南方军事获胜捷报，皇帝龙颜大悦，赐名"胜果寺"。清乾隆皇帝为该寺御赐寺名匾牌、龙袍。

（4）上观音洞也称观音洞上寺，位于肃南县马蹄藏族乡李家沟村西北 3 km 处（东经 100°27.9′，北纬 38°26.3′），海拔约 2700 m。洞窟开凿于山顶的红砂岩石壁上，共 14 个洞窟,现在仍居住着守窟的藏传佛教信徒,窟口朝向跟崖面走向大致平行的避风方向。上观音洞石窟中保存较好的洞窟主要是第 1～3 窟,这 3 个洞窟内绘有重层壁画,最多时达四层,均为藏传佛教造像,底层壁画可能为西夏时期绘制,中间两层壁画的时代可能为元代。

(5) 中观音洞又叫观音洞中寺,现存窟龛 10 余个,均开凿在高峻的红砂岩峭壁上,始凿于元代前后,近代以来曾有重修。

(6) 下观音洞为观音洞组窟中最南端的石窟群落,与中、上观音洞形成完整的朝圣序列。依据其地理层级推断,该窟群可能开凿于元代晚期至明代初期,现存窟龛分布于峡谷末端较为平缓的红砂岩崖壁,包含典型藏传佛教造像及多层叠加的壁画遗存。

2. 马蹄寺石窟群的地位和价值

马蹄寺石窟及金塔寺石窟是中国北方河西地区著名的佛教石窟,马蹄寺石窟群、莫高窟和榆林窟并称河西佛教圣地的三大艺术宝窟。中国佛教早期石窟及其造像闻名于世,西夏、元、明及清代的石窟及壁画也颇具特色。金塔寺、千佛洞、下观音洞三处石窟应该开凿于北朝时期,这些洞窟的中心柱与石窟顶及壁画的形制并不完全相同。千佛洞、南马蹄寺、北马蹄寺、中观音洞、下观音洞等处及山上雕凿有大量高浮雕塔,大小不一,形态各异,其中以藏传佛教覆钵式塔为最多,总数约 450 座,如此规模在国内石窟群中颇为罕见。马蹄寺石窟附近众多的舍利塔,也是马蹄寺佛教遗址群的一个重要组成部分。马蹄寺石窟群的佛教艺术分两个阶段:一是北朝时期延续到唐代,以汉传佛教为主,是佛教从古印度经陆上丝绸之路传入中国留下的东西方文化交流遗存;二是西夏、元、明、清,以藏传佛教为主,反映了藏传佛教在河西地区各民族中传播和兴盛的历史盛况。

7.10　八卦营古城遗址及汉墓群实习区

7.10.1　实习目的

1. 知识与技能

(1) 了解八卦营古城的基本结构和历史沿革;
(2) 分析八卦营汉墓群的分布范围及其基本概况。

2. 过程与方法

实地考察,师生讨论。

3. 情感态度与价值观

增强学生的爱国主义情怀,锻炼学生团结协作、勇于探究的能力。

7.10.2　实习重点与难点

(1) 重点:认识八卦营古城遗址的结构,了解古城的发展历史,认识八卦营汉墓群的基本概况;

(2) 难点：了解河西走廊汉墓群的研究成果。

7.10.3　实习路线与主要实习点

(1) 实习路线：张掖市—民乐县—八卦营古城遗址—八卦营汉墓群；

(2) 实习地点：甘肃省民乐县八卦营村。

八卦营村位于民乐县东南 16 km 处，地理位置为：北纬 38°20′，东经 100°58′。东西宽 4 km，南北长 7 km，总面积 17 km²。村子北依金鱼山，西临童子坝河，南面地势平坦，东、北两面泉水潺潺，是一块水草丰美、宜农宜牧的地方。西汉以前，这里曾是月氏、匈奴的牧场。汉晋以来，此地是中原王朝屯兵立营、经略河西的基地。村北山丘上有甘肃省省级重点文物保护单位八卦营墓群，西北有国家级重点文物保护单位八卦营古城。

7.10.4　主要实习内容

1. 八卦营古城遗址

(1) 了解八卦营古城遗址的位置及保护现状；

(2) 了解八卦营古城的结构及其历史沿革。

2. 八卦营汉墓群

(1) 了解八卦营汉墓群的位置及其分布范围；

(2) 了解八卦营汉墓群的基本概况及其文化特征。

7.10.5　实习指导

1. 八卦营古城遗址

八卦营古城遗址，位于甘肃省张掖市民乐县永固镇八卦营村西北，坐北朝南，平面呈 "口" 字形，由外城、内城和宫城三部分组成。内外城墙均用黄土夯筑，外城南北长 690 m，东西宽 594 m，断面有纤木坑。东、南、北三面有护壕，壕宽 10 m，深 0.8～1 m，西面以童子坝大河为壕。内城南北长 287 m，东西宽 283 m，北墙和西墙与外墙共用，东、南、北三面有护城河。城中央有一正方形夯土台，俗称 "紫英台"，为大型建筑遗址基础。在古城遗址地表遗存大量的汉代残砖、破瓦、碎陶片、石磨残块、汉代五铢钱、铁犁铧、石磨、陶耳杯等文物。该城建筑规模宏大，内部结构复杂，城址东墓群出土弩机、矛、箭头等兵器及东西南北的烽燧、大墩烽燧和内外城护城河等判断，八卦营古城具有较强军事防御功能。该古城对研究汉代城池建筑、军事防御及军民生产生活等十分重要。八卦营古城遗址 1990 年被民乐县人民政府公布为县级文物保护单位，1993 年 3 月被甘肃省人民政府公布为省级文物保护单位，2006 年 5 月 25 日被国务院公布为全国重点文物保护单位。

2. 八卦营汉墓群

八卦营汉墓群位于甘肃省张掖市民乐县永固镇八卦营村附近，整体面积达 2.46 km²，是河西走廊地区现已发掘规模较大的汉代墓地(图 7-11),也是目前为止该地区唯一一座以墓葬为单位完整发掘的汉代墓地。八卦营墓葬以竖穴土坑墓及竖穴木椁墓为主要形制,出土器物以陶器为主,类型丰富,表现出丰富多彩的文化面貌。它为研究河西走廊地区汉文化与其他文化的交流和融合提供了重要的线索和资料。在西汉以前该墓群所在地一直是北方民族的分布地区,秦朝末年,匈奴打败月氏,占领河西之地。汉武帝元狩二年(公元前 121 年),西汉政府击败河西地区的匈奴,从此将该地区纳入汉朝政府的管辖范围。因此八卦营汉墓地的文化因素构成和变化都与汉代河西地区军事和政治局势的发展变化有着密切联系。

墓地群跨时 500 多年,在历史发展过程中,见证了河西走廊多元文化交融,汉文化因素在该墓地中占主体的文化因素。此外,该墓地还包含甘青地区的土著文化因素和匈奴、鲜卑等北方游牧民族的文化因素。占主体的汉文化因素,体现在占陶器大多数的泥质灰陶陶器,带斜坡墓道并使用木质棺椁为葬具的竖穴土坑墓,带斜坡墓道的直洞室土洞墓。汉式铜镜、铜带钩、铜柄刷、铜铃、铁剑、木梳也无疑来自汉文化。八卦营墓葬的汉文化因素与黄河流域典型的汉文化因素相比仍有一定差别,但与北方边疆地区的汉文化因素相似性更大。从西汉中期开始,中原地区的大多数中小型墓葬已经不流行使用木椁,而是用小砖或少量空心砖砌筑墓室。八卦营汉墓地的土坑墓甲类 B 型(带木椁)仍主要流行于北方边郡,不同于同时期大多中原地区的汉墓。该墓地群分为四期:西汉中期、西汉中晚期、西汉晚期至东汉早期、东汉中晚期,其中西汉中晚期包含的墓葬规模相对较大、结构复杂、数量也最多,并且随葬陶器数量多、种类全,是墓地最繁荣的时期。

八卦营墓葬的泥质灰陶无论质地、形制还是加工技术都经过不同程度的改造,与中原地区存在不同程度的差别。此外,出土陶器个体之间的形制差异较大,可分为轮制灰色泥质陶器和手制黄褐色夹沙陶。前者主要有壶、罐、瓮、釜、甑、盆、灶、耳环、灯等器类,后者主要有壶、罐、杯等器物。黄褐色陶器所占比例较高,是目前为止甘青地区发现黄褐色陶器数量最多的汉代墓葬品。从分布地域、存在年代及陶器特征判断,沙井文化可能是八卦营汉墓群黄褐色陶器的文化来源。

图 7-11　八卦营古城及汉墓群

7.11　永固城遗址实习区

7.11.1　实习目的

1. 知识与技能

(1) 分析永固城地理位置在河西发展史上的重要性；
(2) 认识永固城发展历史，了解永固城的兴衰与地理环境以及人类活动之间的关系。

2. 过程与方法

学生实地考察，师生讨论。

3. 情感态度与价值观

提升学生的人文地理素养，培养学生树立正确的历史观、资源观和环境观。

7.11.2　实习重点与难点

(1) 重点：了解永固城的基本结构，认识永固城的发展历史及其在河西发展史中的作用；
(2) 难点：了解永固城、骆驼城和八卦营古城的异同点。

7.11.3　实习路线与主要实习点

(1) 实习路线：张掖市—民乐县—永固城遗址；
(2) 主要实习点：永固城遗址。

7.11.4　主要实习内容

(1) 了解永固城的基本结构及其地理位置；
(2) 了解永固城的发展历史及其在河西发展历史上的作用。

7.11.5　实习指导

永固城位于甘肃省民乐县城东南 10 km，东接甘、凉咽喉之地，南连军事关隘大斗拔谷，是古代丝绸之路重镇。此城是河西走廊向南通往唐蕃古道的捷径，为兵家必争之地。永固城东面有金鱼山，西面有庙儿山，城区为洼地，地下水位较高，古城城垣两侧有甘甜的泉水溢出，水草丰美，景色宜人。永固城在先秦时期即为月氏东城（在今临泽境内的昭武城为月氏西城）。据史料记载，永固城最早出现于春秋战国时期，当时居住在河西一带的月氏在此建起月氏东城，统辖黑河以东及湟中地区的月氏部落。永固城规模与张掖城相当，西汉前，其城先为月氏国国都,称月氏城。匈奴人曾屡攻不下,故称永固城。后来月氏大多数人被匈奴人驱逐至中亚细亚,叫大月氏,少部分人逃到祁连南山,叫小月氏。永固城被匈奴人占领后,成了单于避暑的地方。西汉武帝时,骠骑将军霍去病出击河西,赶走匈奴,永固城归西汉所有。西汉初期,匈奴赶走月氏,将月氏东城建为单于王城。汉武帝元狩二年(公元前121年),霍去病率骑兵出大斗拔谷突袭单于王城,将匈奴逐出河西。东晋永和十年(公元354年),前凉王张祚在此置汉阳县。东晋隆和元年(公元362年),前凉张玄靓在此置祁连郡。隋为赤乌镇。唐为赤水守捉城和大斗城。宋天圣六年(公元1028年),党项李元昊攻破甘州回鹘的删丹都城,回鹘余部退守此城作为临时都城,取名山丹。明朝又称为单于王城。清康熙十年(公元1671年),因青海多次发生叛乱,这里地势更显重要,便大力修筑城池,定名永固,派驻副总兵驻守(图7-12)。

图7-12　永固城遗址

永固城南北长1600 m,东西宽1320 m,面积2.1 km²,城墙为夯土墙,厚8~10 m,高9 m,城外有护城河,呈方形。东西方向有一道墙,将城市一分为二,故有人称其为"算盘城"。永固城分内城和外城,内城城墙大部分已毁,只有北面一段还断断续续立在村头。外城城墙大部分完好。另外,在城东西两面外各不到200 m的地方有东湖和西湖。城里的军民用水全部依靠这两个湖。永固城地处祁连山北麓,焉支山西侧,南控大斗拔谷隘口,是河西走廊南通唐蕃古道的捷径,为东西交通要冲,历来为兵家必争之地。历史上河西发生的许多重大事件都与永固城有关。

7.12　骆驼城遗址实习区

7.12.1　实习目的

1. 知识与技能

（1）了解骆驼城的基本结构，了解古代聚落分布与地理环境的关系；
（2）进一步了解人类活动与地理环境之间的关系。

2. 过程与方法

师生实地考察并讨论。

3. 情感态度与价值观

培养学生树立正确的历史观、环境观和可持续发展观。

7.12.2　实习重点与难点

（1）重点：了解骆驼城的基本结构，认识骆驼城的发展与地理环境变化之间的联系；
（2）难点：理解人类活动与地理环境间的关系。

7.12.3　实习路线与主要实习点

（1）实习路线：张掖市—高台县—骆驼城遗址；
（2）主要实习点：骆驼城遗址。

7.12.4　主要实习内容

（1）了解骆驼城的基本结构；
（2）认识骆驼城发展的历史沿革与地理环境变化之间的关系。

7.12.5　实习指导

　　骆驼城遗址及周围墓群位于甘肃省高台县骆驼城镇永胜村以西 3 km 的戈壁滩（北纬 $39°21'$，东经 $99°33'$）。地处河西走廊中段，祁连山北麓，属于干旱气候，海拔 1414 m。

　　骆驼城遗址位于高台县城西略偏南 22 km 的骆驼城镇（图 7-13），始建于西汉时，属酒泉郡表是县。东汉光和三年（公元 180 年），因地震毁弃，光和四年易地重建城郭。这一易地重建的表是县即今天的骆驼城。历史学者们在今遗址内发现不少汉代遗物，且古城遗址规模较大，为汉代县城遗址。魏晋时期沿袭县城治所，东晋咸康元年（公元 335 年），前凉分置建康郡，后凉因之。十六国时期北凉国君沮渠蒙逊迁姑臧（今武威市凉州区）后，仍置建康郡,建康郡治所与表是县(东汉改表氏县)治所同为今骆驼城。北周时,建康郡废并入张掖。唐武则天证圣元年(公元695年)置建康军,唐代宗大历元年(公元766年)甘州、肃州陷于吐蕃,骆驼城自此废弃,绵延585年。骆驼城自东汉灵帝光和四年重建,曾先后作为东汉至西晋酒泉郡表是(氏)县,前凉、北周、建康郡表是县,唐建康军城址,清政高台县。

骆驼古城遗址坐北朝南,分南北两城。南城较大,北城较小,全城南北通长704 m,东西宽425 m,总面积29.92万 m^2。南北二城隔墙两端筑有墩台高约8 m,城墙由黄土夯筑,每层黄土厚度10~15 cm,底宽上窄,底宽6 m,顶宽1.8 m,残高5~8 m。四角筑有角墩,长宽皆为6 m,残高8 m,南、北城之间的城墙两侧各有两个角墩,共6个角墩。东南角墩顶部有敌楼残存。东西城垣各筑马面三座。南城南北长494 m,东西宽425 m;北城东西长425 m,南北宽210 m,面积6.54万 m^2,开东、西、南三门,都筑设防护瓮城。北城开南门与南城相通,并筑有瓮城。南城南垣外40 m有一条干河床与北城北垣外一条干河床一起为昔日骆驼城护城河兼供水水道。北边东西方向的干河床长度为30 m,于东北角汇合。南城东垣外残存烽燧遗址一座和断续延伸羊马城矮墙,与城墙、护城河一起构成骆驼城防御体系。骆驼城规模宏大,马面、瓮城、羊马城、弩台、烽燧、屏卫城等设施完善,符合唐代河西城址的典型形制特征。

骆驼城内外出土有灰陶片、红陶片和碎砖块等文物,陶片纹饰有绳纹、垂帐纹、弦纹、波纹和素面,也有唐三彩残片。据高台县文物部门调查,城内文化堆积层分为上下两层,上层为唐代文化遗存,厚约1 m,下层为汉晋北朝文化遗存,厚约0.6 m。

在古城遗址周围砾石戈壁滩中分布四大墓群,即土墩墓群、骆驼城南墓群、五座窑墓群、黄家皮代墓群,共计墓葬3000余座,其中土墩墓群位于古城西南1 km的西滩村约9 km² 范围内,墓葬23座,均有高大方形夯筑封土台;骆驼城南墓群东西长9 km,南北宽3 km,有古墓2000余座;五座窑古墓群位于城东北部,有1000多座墓葬;黄家皮代墓群位于城北部。文物工作者对骆驼城周围的部分墓葬发掘,其中有魏晋时期河西地区常见大型砖墓墓葬形制,地面有高大封土,墓葬由照墙、墓门、墓道、甬道、多室组成且出土有画像砖。骆驼城遗址及墓群地处河西走廊中部,周边分布着汉晋十六国时期的墓葬群。骆驼城遗址是我国目前保存较为完整且规模最大的汉唐古城遗址之一,是国务院公布的第四批全国重点文物保护单位之一。历经一千多年的风吹日晒、水流侵蚀、人为破坏,遗址出现了基础蚀空、大片裂隙、部分坍塌、结构失稳等问题。

历史上,骆驼城是中西方思想文化交流的重要地域。在唐前期,来自中原的戍卒和民夫、西行求法和东来弘扬道法的僧侣、西域众多部落的使者、西域和中原以及中亚的商人,持续不断地通过骆驼城来往于中原与西域地区。中国内地的瓷器、丝绸、汉文典籍等也接连不断地经过骆驼城源源西去。同时,西域、中亚等各地珍宝和特产以及宗教文化也经由骆驼城传往中原各地。骆驼城遗址周边墓葬出土的彩绘木版画、画砖和彩绘木器,展现了当地居民的生活方式,生动表现了历史上中西方文化交流学习的昌盛,具有极高的历史文化价值,对于研究汉唐时期丝绸之路上的历史文化有重要意义。

图 7-13　骆驼城遗址

7.13　东灰山遗址实习区

7.13.1　实习目的

1. 知识与技能

（1）了解东灰山遗址文明的年代和特征；
（2）分析东灰山遗址出土的文物及其历史意义。

2. 过程与方法

学生实地考察，师生讨论。

3. 情感态度与价值观

培养学生形成正确的历史观。

7.13.2　实习重点与难点

（1）重点：了解东灰山遗址出土文物及其历史意义；
（2）难点：认识东灰山遗址所属文化类型，了解马家窑文化。

7.13.3　实习路线与主要实习点

(1) 实习路线：张掖市—民乐县—东灰山遗址；

(2) 主要实习点：东灰山遗址。

7.13.4　主要实习内容

1. 东灰山遗址

(1) 认识东灰山遗址所属文化类型；

(2) 分析东灰山遗址文物的历史意义。

2. 四坝文化及特征

(1) 了解四坝文化的发展历程；

(2) 认识四坝文化的特征。

7.13.5　实习指导

1. 东灰山遗址

东灰山遗址位于民乐县城北 27 km，六坝乡东北 2.5 km 林场东侧的荒滩上（图 7-14），属于新石器时期文化遗址，遗址坐落在戈壁垆上，南北长 600 m，东西长 400 m，高约 5 m，海拔高 1770 m，大致呈南北走向，面积约 24 万 m^2。遗址东侧的人工水渠暴露大量文化堆

甘肃民乐东灰山遗址出土小麦、大麦、燕麦

图 7-14　东灰山遗址

积,文化层厚 0.5~2 m。遗址东北一带为同时期的一处氏族公共墓地。东灰山遗址和墓地的文化性质以四坝文化为主,为甘肃省文物保护单位所管辖。20 世纪 50 年代初,当地农民在"灰山子"附近开荒种地,挖取灰土当肥料时陆续发现不少残破的彩陶器和打制、磨制的石器等。自 50 年代以来,历史学者多次前往东灰山遗址水渠断面文化堆积采集系列样品,所获炭化植物遗存十分丰富。根据植物种属与人类关系的不同,炭化植物遗存分为谷物类、杂草类和其他类。其中谷物类占比最大,包括粟、黍、小麦、大麦和裸大麦五种。粟是黄河流域传统农作物,在河西走廊地区东灰山遗址出现,表现出东灰山四坝先民普遍存在对粟的种植。小麦、大麦和裸大麦及其穗轴种植较多,麦作农业以大麦和裸大麦为主,麦类植物作为当地旱作农业的补充。小麦和大麦起源于西亚,一般认为中国发现的早期小麦和大麦是由西亚经过中亚传入中国。根据现有的考古发现,河西走廊地区有可能在公元前 2000 年前后引入麦类作物进行种植。在麦类作物传入之前,河西走廊地区发展是以粟黍为主的旱作农业。到了四坝文化时期,麦类植物的种植已经普及,但并未成为农业生产的主体。东灰山遗址的时代从早期到晚期都经营着以粟为主、黍为次、麦类作为补充的农业发展模式,但在遗址发现,其在不同阶段可能存在对麦类作物不同程度的利用。东灰山、酒泉三坝洞子和西城驿遗址的作物反映出河西走廊地区四坝时期主要种植粟和黍,其结果还反映了四坝文化不同遗址其麦作农业发展存在的差异:东灰山的麦作农业以发展大麦和裸大麦为主,而西城驿遗址则以小麦为主。

20 世纪七八十年代,考古学者在遗址的北部发现东北至西南向、西北至东南向等排列成排的墓葬 249 座,均为土坑竖穴墓,穴壁规整,墓底部平坦,呈长方形,四角均为圆弧形。这些墓葬有单人墓葬,也有 2 人及 2 人以上的合葬墓,合葬墓的死者人数为 2~6 人不等,其主要形式是成年男女合葬、成年男性合葬、成年男性与未成年人合葬。墓葬随葬器物主要放置在墓穴底部,少部分夹杂在墓穴的填土中。

考古发掘墓葬出土陶器、石器、铜器、骨器、贝、牙、蚌器等。陶器主要为日常生活使用的容器,与东灰山遗址所发现陶器的质地、颜色、装饰、器型等基本相同。陶器装饰工艺主要有彩绘、拍印和贴塑 3 种,彩绘图案均为直线勾绘几何图案,纹样有平行条带纹(横、纵、斜不同方向的平行条带纹)、折线纹、波折纹、三角纹、菱格纹、垂线纹和卷云纹等。拍印主要有绳纹、戳印纹、弦纹和划纹。陶器种类简单,有壶、罐、盆、方鼎、豆和器盖六大类。

石器主要是生产工具,器类类型有砍砸器、刮削器、斧、刀、锛、凿、磨棒、磨盘等。这些石器制作粗糙,采用青石打制而成,刃部较锐利,与黄河流域下游仰韶文化遗址、龙山文化遗址出土的石器(两者制作精致,石刀、石斧等通体磨光)加工方式明显不同。骨器系生产工具,器类主要有锥、针、匕、凿、纺轮等。在东灰山遗址发现由青石磨制呈圆柱状,长约 19 cm,直径约 6 cm,顶端圆,底部稍粗的器物,这可能是现存较早的"祖"字初文原始造型实物,也说明当时东灰山先民存在对祖先崇拜信仰,把石祖作为生殖崇拜的象征,象征着认识人本身之由来,意味着人的主观思维和能动性的发展。

东灰山墓地出土完整人头骨标本,经鉴定接近现代华北类型的东亚蒙古人种,种系特征方面与甘青地区的古代居民一致。

2. 四坝文化

四坝文化是早期青铜文化的一支,大约存在于中原地区的夏代晚期至商代早期,距今

3400～3900 年。四坝文化首先发现于 1948 年的甘肃山丹县四坝滩遗址,1956 年安志敏撰文首次提出"四坝文化"的命名。目前经过系统发掘的四坝文化遗址有民乐东灰山、酒泉干骨崖、玉门火烧沟等,其中以 3800 多年前新石器时代末期至青铜时代初期的火烧沟遗址出土的彩陶为最,因其遗址内有红土山沟,土色红似火烧,被考古界称为"火烧沟文化"。1981 年火烧沟文化遗址被甘肃省人民政府认定为"甘肃省文物保护单位"。2006 年火烧沟遗址被国务院公布为全国重点文物保护单位。

四坝文化中遗存火烧沟墓地是迄今为止发现的四坝文化最大的一处墓地,其中出土的随葬品种类齐全、数量丰富。已发掘清理出的古墓有 312 座,出土文物中彩陶、石器与金银器铜器共存。火烧沟墓地出土的陶罐有 98 种,器物造型有着地方性差异,如东灰山遗址有较多的彩陶盆而火烧沟遗址却较少,火烧沟遗址的双大耳罐却不见于东灰山遗址。出土彩陶在胎质、釉色与纹饰方面与山丹四坝滩遗址、民乐东灰山墓地等遗址出土的典型四坝文化彩陶风格一致。它们大多制作精细,造型别致,其中有不少属于珍品。如人形彩陶罐、鱼形陶埙、鹰形壶、三狗方鼎等已被定为国家一级文物。鹰形壶、三狗方鼎等造型优美,制作细腻,形象逼真,体现了远古时期的火烧沟人高超的智慧和审美能力。出土的 20 多只陶埙是远古时代的一种吹奏乐器,是国内已经出土的古代乐器中年代较为久远的古乐器之一,极富特色。日常生产工具和生活用具(陶纺轮、陆埙、石刀、骨锥、铜刀、铜锥等)、装饰品(铜耳环、金耳环、海贝、蚌饰、串珠等)在组合和类型上也与东灰山墓地所出同类器物一致。然而,有些带明显域外输入风格的贵重物品,如绿松石、海贝、玛瑙、滑石珠、玉器、权杖头、金银器等在火烧沟墓地多见,而在民乐县东灰山墓地中少见甚至未见。

独特的装饰风格是四坝文化的一大特点。陶器多为彩绘陶(出窑后绘制),彩陶也都施有紫红色陶衣,色彩浓重,具有凸起感。一般为紫红陶衣上绘浓黑彩,纹样多为三角纹、网格纹、拆线纹、菱格纹、回形纹等,还有来源于马家窑文化形式,连续排列的上身为倒三角形的人形图像,似舞蹈形态。四坝文化陶器与新疆哈密彩陶的造型和装饰极为相似,依然流行"腹耳罐"。彩陶纹饰多见红衣黑彩,竖条纹、菱形纹、三角形等纹样。火烧沟遗址出土的人形彩陶罐下腹部和腿部上有明显的绘有"Z"形纹,部分出土的盆和盘内壁和腹部也绘有"Z"形纹。绘有这种装饰的彩陶遗址主要分布于河西走廊的张掖、酒泉、玉门和瓜州等地,可见"Z"形纹并不是偶然出现,而是被先民们广泛运用。这种特殊的表现和用途有可能是为了传达特定思想,这种图示化的符号体现的是氏族文化共同体意识,反映出当时统一而规范的社会形态,也可表现为某种宗教传播符号。四坝文化对研究中国西北地区新石器时代晚期到青铜时代的彩陶发展演变具有重要意义。

7.14 中国科学院黑河遥感试验研究站实习基地

7.14.1 实习目的

1. 知识与技能

(1) 了解中国科学院黑河遥感试验研究站(简称中科院黑河遥感试验站)的观测系统及观测要素;

（2）了解中科院黑河遥感试验站的主要研究成果。

2．过程与方法

教师讲解，学生实地观察，师生讨论。

3．情感态度与价值观

培养学生树立正确的生态观、资源观。

7.14.2　实习重点与难点

（1）重点：了解中科院黑河遥感试验站概况及其作用；
（2）难点：了解中科院黑河遥感试验站观测系统及观测要素。

7.14.3　实习路线与主要实习点

（1）实习路线：张掖市—中科院黑河遥感试验站；
（2）主要实习点：中科院黑河遥感试验站。

7.14.4　主要实习内容

（1）了解中科院黑河遥感试验站概况；
（2）认识中科院黑河遥感试验站建立的必要性。

7.14.5　实习指导

1．中科院黑河遥感试验站概况

中科院黑河遥感试验站位于张掖市郊区（北纬 38.82°49′，东经 100°28′）。目前，中科院黑河遥感试验站占地面积 56 亩，其中产权面积 30 亩，拥有 1200 m² 综合办公楼，具有办公、会议、住宿、餐饮等场所，可保障 50 人驻站长期野外研究和试验。建成的 800 m² 的微波定标暗室可用于 0.5～11 GHz 微波远场定标，架设了行走式地基遥感塔式起重机，高 30 m，水平臂架长 25 m，可搭载多种光谱仪与传感器针对多种下垫面进行多角度、多观测高度的地基遥感控制试验。

中科院黑河遥感试验站成立于 2009 年 5 月（图 7-15）。2014 年，中国科学院遥感试验与地面观测网络（RSON）正式建立。中科院黑河遥感试验站被纳入该网络，并负责 RSON 的组织和运行，2018 年获批建立甘肃省野外科学观测研究站。

中科院黑河遥感试验站立足于黑河流域，是一个完整的封闭系统，包含了上游的冰雪、冻土和高寒草原，中游的人工绿洲以及下游的荒漠和天然绿洲等陆地生态系统，是开展地球系统科学研究的理想场所。自 2007 年起，黑河遥感试验站就已经开展了系统性的流域尺度观测系统设计和建设工作，至今已有 10 余年的观测数据积累。黑河遥感试验站形成了"基地—定点观测—像元尺度观测—流域尺度观测"的观测系统构架和试验模式，覆盖了内陆河流域多数生态系统。经过 10 余年观测能力的提升，台站所在的黑河流域被遴选为联合国教

图 7-15　中科院黑河遥感试验站

科文组织国际水文计划干旱区水与发展全球信息网络（UNESCO IHP G-WADI）、全球能量和水循环试验（GEWEX）跨领域研究项目国际高山流域水文研究网络（INARCH）的试验流域。

2.　中科院黑河遥感试验站主要研究方向

中科院黑河遥感试验站立足于寒旱区并存的内陆河流域，以遥感机制研究为基础，开展寒旱区关键生态水文参数遥感反演及遥感产品的真实性检验，将其应用于寒旱区生态、水文过程模拟与数据同化。

1）寒旱区遥感机制研究

开展典型下垫面可见光、近红外、热红外和微波辐射散射特征的全波段观测，发展寒旱区遥感辐射传输模型与定量遥感反演方法。

2）遥感产品生产与真实性检验

开展星机地同步观测试验，发明内陆河流域关键生态和水文参数遥感反演算法和尺度转换方法，生产覆盖全流域的高时空分辨率遥感产品，开展遥感像元尺度的真实性检验研究。

3）遥感产品应用研究

发展流域集成模型，同化多源遥感数据产品，精细模拟流域尺度的生态和水文过程。

4）生态仪器研制

通过原始和集成创新，研发国产自动化、智能化新型生态系统关键参量监测设备。

3. 中科院黑河遥感试验站建立的必要性

黑河流域是我国第二大内陆河流域,流域寒区旱区并存,上游属于极端寒冷环境,下游属于极端干旱环境。黑河流域历史悠久,早在汉朝时期这里已经有大规模的农田水利设施。多元的自然景观与复杂的人文过程交织在一起,使得黑河流域成为更有利于开展星机的综合遥感观测与模型集成的理想观测试验基地。

中科院黑河遥感试验站围绕黑河流域生态环境保护和可持续发展,致力于生态水文要素综合监测与模型集成研究,建立了涵盖上中下游的流域尺度水文气象综合观测体系,生产和发布了一批寒旱区遥感数据产品,开发和改进了一系列针对寒旱区过程的生态、水文模型,支撑了黑河流域水资源管理与优化、生态保护与修复等相关政策的制定。

7.15　中国科学院临泽内陆河流域综合研究站实习基地

7.15.1　实习目的

1. 知识与技能

(1) 了解中国科学院临泽内陆河流域综合研究站观测系统及观测要素;
(2) 了解中国科学院临泽内陆河流域综合研究站的建立及发展过程;
(3) 了解该研究站主要观测内容及研究成果;
(4) 实地观察各种观测仪器的运行过程。

2. 过程与方法

学生实地观察,观测站观测人员讲解,师生讨论。

3. 情感态度与价值观

(1) 培养学生形成正确的环境观、资源观及可持续发展观;
(2) 培养学生形成严谨细致的科学态度。

7.15.2　实习重点与难点

(1) 重点:了解中国科学院临泽内陆河流域综合研究站发展历程及主要观测内容;
(2) 难点:掌握干旱绿洲区生态水文的基本规律。

7.15.3　实习路线与主要实习点

(1) 实习路线:张掖市—临泽县—中国科学院临泽内陆河流域综合研究站;
(2) 主要实习点:中国科学院临泽内陆河流域综合研究站。

7.15.4 主要实习内容

(1) 了解中国科学院临泽内陆河流域综合研究站的建立及发展过程；

(2) 了解该研究站主要观测内容及研究成果；

(3) 实地观察该研究站各种观测仪器的运行过程。

7.15.5 实习指导

1. 临泽县基本概况

临泽县位于河西走廊中段(北纬 $38°57'\sim39°42'$，东经 $99°51'\sim100°30'$)，隶属甘肃省张掖市，总面积为 2729 km^2。临泽县为典型的荒漠绿洲过渡带，内部以绿洲为主，绿洲外围分布大面积的荒漠和戈壁。该区域为典型的温带大陆性荒漠气候，年平均气温为 7.7℃，多年平均降水量为 118 mm，年平均潜在蒸散量达 1830.4 mm，无霜期 176 d。主要地带性土壤类型为灰棕漠土和灰钙土，绿洲北部边缘由于与巴丹吉林沙漠南缘相接，长期受到风沙侵袭，因而形成非地带性的沙质土，耕地以种植玉米、小麦为主。

2. 中国科学院临泽内陆河流域综合研究站概况

中国科学院临泽内陆河流域综合研究站(以下简称临泽站)地处甘肃河西走廊中部的临泽县(东经 $100°07'$，北纬 $39°21'$)，海拔 1367 m，距张掖 70 km，距兰州 560 km。它始建于 1975 年，隶属中国科学院西北生态资源与环境研究院，主站位于绿洲-荒漠过渡带，沙漠、戈壁为主要景观类型(图7-16)。该区属大陆干旱气候，多年平均降水 117 mm，年蒸发量 1830.4 mm，

图 7-16　中国科学院临泽内陆河流域观测站

年均气温 7.6℃,最高气温 39.1℃,最低气温−27℃,高于 10℃的年积温为 3088℃,无霜期 105 d,年均风速 3.2 m/s,大于 8 级的大风日数年均 15 d,主风向为西北风,风沙活动主要集中在 3—5 月。地带性土壤为灰棕漠土,绿洲农业靠黑河水资源灌溉,在长期的耕种和熟化下,形成绿洲潮土和灌漠土,并分布大片的盐碱化土壤和风沙土。主要的荒漠植物种有梭梭、沙拐枣、柽柳、白刺等。主要农作物有春小麦、玉米、棉花等。

经过 30 年的发展,特别是自 2000 年中国科学院知识创新工程实施以来,一批西部生态环境建设项目以临泽站为平台开展,临泽站得以迅速发展,成为集黑河流域上、中、下游生态系统水、土、气、生综合研究的观测基地和平台。

1975 年建站后,临泽站主要进行绿洲边缘防护体系建设、沙漠化防治和监测;1985—2000 年,临泽站开展了河西地区水土资源的可持续利用、绿洲农业高产栽培技术、风沙土培肥改造、沙产业开发;2000 年以来,以临泽绿洲为主要基地,开展荒漠绿洲农业生态系统水、土、气、生长期演变和重要生态过程的观测和研究。并充分发挥三所整合后的人才和学科优势,开展以内陆河流域水-生态-经济可持续发展为目标的多学科集成研究;2003 年,临泽站加入中国生态系统研究网络(CERN);2005 年,临泽站加入中国生态环境国家野外科学观测研究站。

参考文献

[1] 赵成章,石福习,董小刚,等.祁连山北坡退化林地植被群落的自然恢复过程及土壤特征变化[J].生态学报,2011,31(1):115-122.

[2] 董汉河.中国工农红军西路军七十周年祭——西路军的形成、失败及其价值和意义[J].甘肃社会科学,2007(1):121-128.

[3] 党素珍,刘昌明,王中根,等.黑河流域上游融雪径流时间变化特征及成因分析[J].冰川冻土,2012,34(4):920-926.

[4] 杨明金,张勃.黑河莺落峡站径流变化的影响因素分析[J].地理科学进展,2010,29(2):166-172.

[5] 王根绪,程国栋.干旱内陆流域生态需水量及其估算——以黑河流域为例[J].中国沙漠,2002(2):33-38.

[6] 徐晨光,黄强,赵麦换,等.黑河龙首水电站短期优化调度研究[J].水电自动化与大坝监测,2004(2):62-63,78.

[7] 丁宏伟,王世宇,尹政,等.张掖丹霞暨彩色丘陵地质成因及与南方丹霞地貌之对比[J].干旱区地理,2014,37(3):419-428.

[8] 彭华,潘志新,闫罗彬,等.国内外红层与丹霞地貌研究述评[J].地理学报,2013,68(9):1170-1181.

[9] 齐德利,于蓉,张忍顺,等.中国丹霞地貌空间格局[J].地理学报,2005(1):41-52.

[10] 文晶.黑河中游扁都口地区高山草甸草地的土壤水文特征变化研究[D].兰州:兰州大学,2014.

[11] 孙海峰.民乐做大旅游产业[N].甘肃日报,2007-01-10(5).

[12] 周远刚,赵锐锋,赵海莉,等.黑河中游湿地不同恢复方式对土壤和植被的影响——以张掖国家湿地公园为例[J].生态学报,2019,39(9):3333-3343.

[13] 张晶,赵成章,任悦,等.张掖国家湿地公园优势鸟类种群生态位研究[J].生态学报,2018,38(6):2213-2220.

[14] 刘逸彬.张掖市黑河湿地生态系统服务功能评价与可持续发展[D].兰州:兰州大学,2017.

[15] 宁宝英,何元庆,和献中,等.黑河流域水资源研究进展[J].中国沙漠,2008(6):1180-1185.

[16] 王钧,蒙吉军.黑河流域近 60 年来径流量变化及影响因素[J].地理科学,2008(1):83-88.

[17] 苏永红,冯起,吕世华,等.额济纳生态环境退化及成因分析[J].高原气象,2004(2):264-270.

[18] 丁宏伟,高玉卓,何江海,等.黑河过正义峡河川径流量减少的原因及对策分析[J].中国沙漠, 2001(1):65-69.

[19] 王根绪,曲耀光,程国栋,等.黑河流域水资源开发的环境效应分析[J].干旱区资源与环境, 1997(4):9-15.

[20] 董正均.居延海[M].北京:中国青年出版社,2012.

[21] 张华,张兰,赵传燕.极端干旱区尾闾湖生态需水估算——以东居延海为例[J].生态学报,2014, 34(8):2102-2108.

[22] 任娟,肖洪浪,王勇,等.居延海湿地生态系统服务功能及价值评估[J].中国沙漠,2012,32(3): 852-856.

[23] 龚家栋,程国栋,张小由,等.黑河下游额济纳地区的环境演变[J].地球科学进展,2002(4): 491-496.

[24] 刘亚传.居延海的演变与环境变迁[J].干旱区资源与环境,1992(2):9-18.

[25] 敦煌研究院,甘肃省文物局,肃南裕固族自治县文物局,等.肃南马蹄寺石窟群[M].北京:科学出版社,2020.

[26] 方笑天.民乐八卦营墓群研究[J].西部考古,2020(1):15.

[27] 施爱民.民乐县八卦营墓葬·壁画·古城[J].丝绸之路,1998(3):2.

[28] 甘肃省文物考古研究所.民乐八卦营:汉代墓群考古发掘报告[M].北京:科学出版社,2014.

[29] 李并成.论丝绸之路沿线古城遗址旅游资源的开发[J].地理学与国土研究,1998(4):53-55.

[30] 李并成.甘肃境内遗存的古城址[J].文史知识,1997(6):60-64.

[31] 吴荭.甘肃高台县骆驼城墓葬的发掘[J].考古,2003(6):8.

[32] 李并成.甘肃省高台县骆驼城遗址新考[J].中国历史地理论丛,2006,21(1):5.

[33] 甘肃省文物考古研究所.民乐东灰山考古[M].北京:科学出版社,1998.

[34] 李水城,莫多闻.东灰山遗址炭化小麦年代考[J].考古与文物,2004(6):10.

[35] 蒋宇超,王辉,李水城.甘肃民乐东灰山遗址的浮选结果[J].考古与文物,2017(1):10.

[36] 许永杰,张珑.甘肃民乐县东灰山遗址发掘纪要[J].考古,1995(12):9.

[37] 李璠.甘肃省民乐县新石器时期遗址的古代炭化小麦考察初报[J].遗传,1988(1):42-43.

[38] 李水城,水涛,王辉.河西走廊史前考古调查报告[J].考古学报,2010(2):46.

[39] 车涛,李弘毅,晋锐,等.遥感综合观测与模型集成研究为黑河流域生态环境保护与可持续发展提供科技支撑[J].中国科学院院刊,2020(11):1417-1423.

[40] 中国科学院西北生态环境资源研究院.中国科学院黑河遥感试验研究站[J].中国科学院院刊, 2020(11):1424-1426.

第8章

疏勒河流域实习区

8.1 敦煌鸣沙山月牙泉实习区

8.1.1 实习目的

1. 知识与技能

（1）了解敦煌鸣沙山月牙泉的形成机制；
（2）分析造成敦煌鸣沙山月牙泉水域缩小和水位下降的原因；
（3）分析风沙活动规律以及独特构造作用下敦煌鸣沙山月牙泉的形态特征和演化过程；
（4）分析敦煌绿洲水土资源承载力的变化过程。

2. 过程与方法

学生以探究观察为主，围绕教师讲解的内容，将理论知识与野外实践紧密结合，深化对区域生态环境和历史人文的认识。

3. 情感、态度与价值观

培养学生树立人地协调可持续发展理念。

8.1.2 实习重点及难点

（1）重点：了解敦煌鸣沙山月牙泉的成因；
（2）难点：从水文学角度分析造成敦煌鸣沙山月牙泉水域缩小和水位下降的原因。

8.1.3 实习路线与主要实习点

（1）实习路线：敦煌市—鸣沙山月牙泉；
（2）主要实习点：敦煌鸣沙山月牙泉风景名胜区。

8.1.4 主要实习内容

（1）实地观测鸣沙山和月牙泉，加深对其成因的理解；

（2）掌握造成月牙泉水域缩小和水位下降的原因；

（3）分析当地地下水的开发利用对敦煌鸣沙山月牙泉生态景观的影响机制；

（4）探寻风沙活动规律以及独特构造作用下月牙泉的形态特征和演化过程。

8.1.5　实习指导

1. 敦煌鸣沙山月牙泉风景名胜区概况

敦煌鸣沙山月牙泉风景名胜区位于甘肃省敦煌市城南 5 km 处，鸣沙山东西长约 40 km，南北宽约 20 km，属于典型的大陆性干旱气候区，区内多年平均降水量不足 40 mm，蒸发量高达 2488 mm。月牙泉四周为高大的鸣沙山，风沙活动强烈且频繁，因而形成了沙漠绿洲共生的奇特景观。

鸣沙山月牙泉风景名胜区主要由大泉湾、小泉湾和周围的鸣沙山组成。小泉湾是间于东沙山与北沙山的洼地，主要为办公区和生活区。大泉湾是北沙山与南山之间的洼地，月牙泉和月泉阁等古建筑群分布其内，是景区的核心。大泉湾北侧为月牙泉，南侧为平台。月牙泉北侧为一高大的金字塔形沙丘，相对高度在 100 m 左右。南沙山位于月牙泉之南，相对高度为 125 m，从山顶向不同方向延伸出 4 条沙垄。西沙山位于月牙泉的西南部，它有南、北两个峰顶，相对高度分别为 190 m 和 170 m(图 8-1)。

图 8-1　敦煌鸣沙山月牙泉风景名胜区

2. 敦煌鸣沙山月牙泉风景名胜区历史

早在汉朝文献中便有对鸣沙山月牙泉的记载。20 世纪 50 年代，月牙泉水面东西长

218 m,南北最宽处 54 m,平均水深 5 m,水量充足。在 1960 年之前,泉水没有大的变化,最大水深 9 m,水面积 1.5×10^4 m^2。由于 70 年代中期当地垦荒造田、抽水灌溉及近年来周边植被破坏造成水土流失,敦煌地下水位随之大幅度下降,从而使月牙泉水位随之大幅度下降。此后,敦煌市采取了多种方式给月牙泉补水。从 2000 年开始,敦煌市在月牙泉周边回灌河水补充月牙泉水位,使月牙泉暂时免于枯竭。2004 年月牙泉的水位下降至 1.3 m,泉水面积减小到 5.2×10^3 m^2。2015 年 7 月下旬,鸣沙山月牙泉风景名胜区获评国家 5A 级旅游景区。

3. 敦煌鸣沙山月牙泉风景名胜区风沙环境分析

近 30 年来,受自然、人为因素的双重影响,导致月牙泉水位大幅度下降,水域面积不断萎缩,当地自然环境恶化、旅游资源衰竭。为了抢救这一珍贵的自然遗产,当地政府于 2006 年对月牙泉开展应急补水治理工程,现已基本解决了地下水的补给问题。然而,月牙泉面临风沙危害的问题依旧存在,月牙泉仍然面临干涸的威胁。

受地形影响,月牙泉风景名胜区内各测点的平均风速差别很大。各测点月均风速最大的时间段在 3—5 月。从平均风速空间变化来看,月牙泉边年均风速最小,为 1.75 m/s;而南山顶年均风速最大,达到 2.78 m/s。起沙风况直接决定区域风沙活动强度和输沙方向,进而影响沙丘形态及其演变。起沙风况与沙粒粒径、下垫面性质、沙粒含水率等多种因素有关。

8.2　敦煌西湖国家级自然保护区实习区

8.2.1　实习目的

1. 知识与技能

(1) 了解敦煌西湖国家级自然保护区概况;
(2) 了解敦煌西湖国家级自然保护区的生态价值和科学研究价值。

2. 过程与方法

学生以探究观察为主,围绕教师讲解内容,将理论知识与野外实践紧密结合,深化对于区域生态环境和历史人文的认识。

3. 情感、态度与价值观

(1) 培养学生关心我国基本地理国情、热爱祖国的情感;
(2) 树立人地关系协调的科学思想和可持续的科学发展观。

8.2.2　实习重点及难点

(1) 重点:了解敦煌西湖国家级自然保护区的野生动植物资源;
(2) 难点:认识到干旱区湿地、荒漠植被对于整个干旱区生态系统稳定的作用。

8.2.3 实习路线与主要实习点

(1) 实习路线：敦煌市—敦煌西湖国家级自然保护区；

(2) 主要实习点：敦煌西湖国家级自然保护区。

8.2.4 主要实习内容

(1) 实地观察野生动植物；

(2) 实地观察湿地、荒漠植被景观。

8.2.5 实习指导

1. 敦煌西湖国家级自然保护区概况

敦煌西湖国家级自然保护区位于甘肃省敦煌市西部(北纬 $39°45'\sim40°36'$，东经 $92°45'\sim$ $93°50'$)，在库姆塔格沙漠以东，东接敦煌市南泉湿地自然保护区和阳关镇，南与阿克塞哈萨克族自治县接壤，西、北分别与新疆维吾尔自治区和敦煌市国家雅丹地质公园毗邻，并与库姆塔格沙漠相连。

敦煌西湖国家级自然保护区(图 8-2)总面积 6600 km²，属典型的大陆性暖温带极干旱气候区，冬季寒冷，夏季炎热，年均气温 9.9℃，年均降水量 39.9 mm，年均蒸发量 2486 mm，相对湿度 40%，干燥度 18，全年日照时数 3246.7 h。

图 8-2 敦煌西湖国家级自然保护区

敦煌西湖国家级自然保护区内主要地表径流有疏勒河、党河及南湖泉水，但因多种原因现基本断流，同时还有山水沟、西土沟、崔木土沟、多坝沟、小多坝沟、八龙沟等 8 条沟谷，多在夏季向区内排洪，其平均海拔 960 m，地势南北高，中间低，自东向西微微倾斜，其中海拔最高点为卡拉塔格山，海拔为 2238 m，最低点海拔 820 m。保护区内主要景观类型有沙漠、戈壁、裸石山地、湿地草丛、荒漠植被 5 种类型。敦煌西湖国家级自然保护区是干旱荒漠重要的水源涵养区和蓄水库。湿地面积达 9.69 万 hm^2,湿地区及周边地下水位埋深小于 3 m,在强烈的蒸发作用下盐分向地表聚积,形成了大面积的盐渍土。

2. 敦煌西湖国家级自然保护区的野生植物资源

敦煌西湖国家级自然保护区有种子植物 132 种,其中裸子植物 2 种,被子植物 130 种,分属于 27 科、83 属。保护区木本植被较少,乔木树种仅有胡杨和梭梭,灌木主要是旱生的灌木、半灌木和小灌木。其他种类如盐穗木、花花柴、骆驼刺、柽柳等荒漠盐生植物都是珍贵的荒漠绿化树种和基因资源。

防护林植物:保护区内有防护林植物 10 余种,其中胡杨、梭梭、柽柳在当地已被广泛栽植,成为治沙造林的先锋树种。

野生可食用植物:保护区内野菜植物比较贫乏,主要有小果白刺、白刺、沙葱、大籽蒿 4 种。

饲用植物:保护区内饲用植物较为丰富,多达 23 种,是野骆驼、鹅喉羚等珍稀濒危动物的重要饲料。

药用植物:保护区内药用植物资源丰富,多达 21 种,尤其是锁阳,在国内外享有一定的声誉。

珍稀濒危植物:保护区内有珍稀濒危植物 5 种,属于国家二级保护的植物有裸果木,三级保护的植物有胡杨、梭梭、沙生柽柳、沙生芦苇,其中裸果木是中亚古老残遗种,有较高的保护和研究价值。

3. 敦煌西湖国家级自然保护区的野生动物资源

敦煌西湖国家级自然保护区有野生动物 196 种,其中鸟类 141 种,哺乳类 32 种,鱼类 8 种,两栖类 2 种,爬行类 13 种,国家一级保护的野生动物有野骆驼、黑鹳、金雕、大鸨、小鸨、波斑鸨 6 种,国家二级保护野生动物有鹅喉羚、猞猁、兔狲、大天鹅、白琵鹭、蓑羽鹤、草原雕、游隼、短耳鸮等 33 种。敦煌西湖国家级自然保护区的陆生脊椎动物可划分为荒漠半荒漠动物群和湿地动物群 2 个类群。保护区内的湿地水草丰茂,湿地动物群主要由鸟类组成,如赤麻鸭、红脚鹬、金眶鸻、绿头鸭等,在迁徙季节还有多种雁类、鹬类途经这里。除此之外,还有相当多的物种长期依赖湿地,需要从实地获取水源与食物,如毛腿沙鸡、多种有蹄类动物等。

4. 敦煌西湖国家级自然保护区的生态价值

敦煌西湖湿地是我国西北极干旱区典型的沼泽湿地,四周被沙漠、戈壁包围。作为大面积荒漠戈壁区内的一块重要绿洲,敦煌西湖湿地对甘、新、青三省(区)交界处生物多样性的维持具有极为重要的作用,是黑鹳、大天鹅、白琵鹭等多种珍稀鸟类的栖息地和多种候鸟迁徙途中的重要中转站,同时为周边广大地区的野骆驼、鹅喉羚等多种野生动物提供水源地和避难所。区内良好的植被是阻挡库姆塔格沙漠东扩的强有力生态屏障,也是干旱荒漠区重要的水源涵养地,对于保障区域内正常的农业生产和生态安全具有重要意义。

敦煌西湖国家级自然保护区是由森林、灌丛、草甸、荒漠和湿地构成的复杂多样的生态环境保护区,多样的植被类型为动物群落提供了较好的食物和栖息环境。保护区紧邻阿尔金山和祁连山地,处于中亚、东亚和青藏高原的过渡区,具有特殊的干旱生态系统和湿地生态系统的发生、发展和演替过程,具有重要的学术研究价值。虽然本保护区生物多样性丰富,生态环境质量较好,但作为河西走廊的重要生态敏感区,其生态系统具有脆弱性,因此要求我们在资源管理和开发利用过程中,注意生态系统的脆弱性和承载力,遵循生态学规律,实行资源资产化管理和可持续利用,从而促进区域经济可持续发展。

8.3　敦煌雅丹国家地质公园实习区

8.3.1　实习目的

1. 知识与技能

(1) 了解敦煌雅丹国家地质公园的地质地貌类型;

(2) 认识雅丹地貌孕育期、幼年期、青年期、壮年期、老年期及消亡期的地貌形态特征;

(3) 从地质地貌、气候、水文和植被等方面理解雅丹地貌形成发育的过程。

2. 过程与方法

学生以观察探究为主,围绕教师讲解的内容,将理论知识与野外实践紧密结合,深化对于区域生态环境和历史人文的认识。

3. 情感、态度与价值观

(1) 培养学生热爱祖国大美山河的情感;

(2) 坚持人地关系协调的科学思想和可持续的科学发展观。

8.3.2　实习重点及难点

(1) 重点:认识敦煌雅丹国家地质公园的地质地貌类型;

(2) 难点:从地质地貌、气候、水文和植被等方面理解雅丹地貌形成发育的过程。

8.3.3　实习路线与主要实习点

(1) 实习路线:敦煌市—敦煌雅丹国家地质公园;

(2) 主要实习点:敦煌雅丹国家地质公园。

8.3.4　主要实习内容

(1) 了解敦煌雅丹国家地质公园概况;

(2) 认识敦煌雅丹国家地质公园地质地貌类型;

(3) 对比分析雅丹地貌、风蚀地貌和沙垄地貌的异同点。

8.3.5　实习指导

1. 敦煌雅丹国家地质公园概况

敦煌雅丹国家地质公园位于甘肃省敦煌市西部（北纬 $40°25'\sim40°34'$、东经 $93°59'\sim93°15'$），距市区约 180 km，面积 398 km^2，是极端干旱气候区地貌景观的典型代表，是集雅丹、沙漠和戈壁地貌于一体的大型地貌类国家地质公园。

公园地处安敦盆地西缘靠近北山的小型洼地，在地貌类型上属于平原区。小型洼地以北山山前断裂为北部边界，三垄沙和库姆塔格沙漠东缘为西部边界，公园南侧的断层为南部边界，公园东面的洪水切沟为东部边界，洼地内总体地势为东北高、西南低。这也决定了公园总体地势自东北向西南倾斜，最高处海拔 970 m，最低处海拔 810 m。

敦煌雅丹国家地质公园（图 8-3）属于典型的暖温带极端干旱气候，特征为冬季寒冷、春季多风、夏季炎热、昼夜温差大。年平均气温 9.2℃，最热月平均气温 31.6℃，最冷月平均气温 −13.2℃，气温年较差 44.8℃，无霜期 181 d，历年平均降水量 44.5 mm，年最大降水量 205 mm，年平均相对湿度 41%，最大冻土深度 129 cm。公园及周边地区大尺度的"盆山构造"地貌格局和典型的暖温带极端干旱气候决定了封闭性的盆地内本身不产生径流，因此绝大部分地表水来自周围山地的降水和冰川融水补给。公园里有种子植物 168 种，其中裸子植物 2 种，被子植物 166 种。

图 8-3　敦煌雅丹国家地质公园

2. 敦煌雅丹国家地质公园地质地貌类型

1) 雅丹地貌

雅丹地貌是干燥地区的一种典型的风蚀地貌,又称风蚀垄槽,或称为风蚀脊,"雅丹"原是我国维吾尔族语,意为陡壁的小丘。在极干旱地区的一些干涸的湖底,常因干涸而裂开,风沿这些裂隙吹蚀,裂隙越来越大,使原本平坦的地面发育成许多不规则的背鳍形垄脊和宽浅沟槽,这种支离破碎的地面成为雅丹地貌。有些地貌外观如同古城堡,俗称"魔鬼城"(图8-3)。

2) 风蚀地貌

园区南部有较多的风蚀谷与风蚀残丘,部分风蚀残丘由于其沙泥层中垂直节理特别发育,又经过多次暴雨的反复切割与风蚀作用,松软的沙土石被卷走,原来块状的岩石被切割成一条条的石柱,形成风蚀柱。风蚀柱受风力的磨蚀作用,在靠近地表的地方,风沙流含沙量多,磨蚀作用强,使其下部凹进上部突出,再进一步发展成蘑菇状,成为风蚀蘑菇。进一步发展,风蚀蘑菇就变得很不稳定,当大风吹来时,使之摇动,成为风动石。

3) 沙垄地貌

沙垄的形成是由于在和缓起伏的沙地上,地面基本无障碍,向阳的缓坡在阳光直接照射下,被强烈加热,形成上升气流,背阴面由下沉气流来补充,在单向风的作用下,形成以其为轴的螺旋流,向前推进,风从低洼处将沙粒吹向高处堆积,形成纵向沙垄,所以沙垄也称纵向沙丘。

3. 雅丹地貌的形成发育条件

1) 物质基础

组成雅丹地貌的地层为早更新世晚期至中更新世初期的河湖相泥质、沙质和粉沙质堆积物,偶夹砾石堆积物薄层。这些沉积物中度胶结,易被风磨蚀,为雅丹地貌的发育提供了良好的物质基础。另外,堆积物本身的性质在雅丹体各种形态的形成过程中起到控制作用。

2) 环境条件

现发现的绝大多数雅丹地貌分布在极端干旱区,多为年降水量小于 50 mm、植被稀少的平原地区,风蚀作用强烈,或较为湿润的洼地,盐类风化作用、地下水作用强烈的地区。很多学者根据地质历史时期的气候变化研究,推断高大的雅丹地貌是在更新世冰期干冷多风的气候环境下形成,或在更早的干旱气候环境下形成。

3) 动力条件

动力条件是雅丹地貌形成的关键因素,现在主要集中于外营力条件的研究,包括风力和水力等方面。雅丹分布于极端干旱区,风力作用是其主要外动力。大多数学者认为,单一风向的强风是雅丹形成的主要外营力,但也有学者认为,部分雅丹的形成是由两组风向相反的风况所致。

磨蚀作用主要表现在雅丹整体形态与坡脚岩体颜色变化上,迎风端及两侧下部的抛光面和风蚀槽是由磨蚀作用形成的,并导致迎风端和两侧槽地的下切,若风力磨蚀太强则会导致风蚀槽的破坏。

洪水作用也是重要的外营力,但洪水对雅丹的作用机制,科学界也存在不同的看法:大部分学者认为,在雅丹形成初期,风沿着洪水形成的冲沟吹蚀,使冲沟不断加宽加深。

除上述定向动力条件外,在部分雅丹形成过程中,还存在其他非定向营力,如风化作用、重力坍塌、盐类风化和龟裂等。各营力在雅丹形成发育过程中各阶段的相对作用亦不同。磨蚀作用在雅丹地貌形成初期对相对高度较低的雅丹作用强烈;吹蚀作用对岩性较软的沉积地层作用明显;流水侵蚀切割作用,特别是山区暴雨洪水作用在雅丹形成初期起到很重要的作用,为风的作用提供通道(图 8-4)。

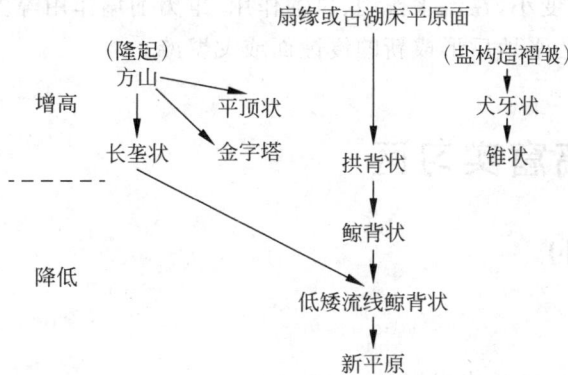

图 8-4　雅丹地貌形成过程

4. 雅丹地貌的发育过程

参照对库姆塔格沙漠地区雅丹地貌形成发育阶段的划分,将公园内雅丹地貌的发育过程划分为孕育期、幼年期、青年期、壮年期、老年期及消亡期(图 8-5)。

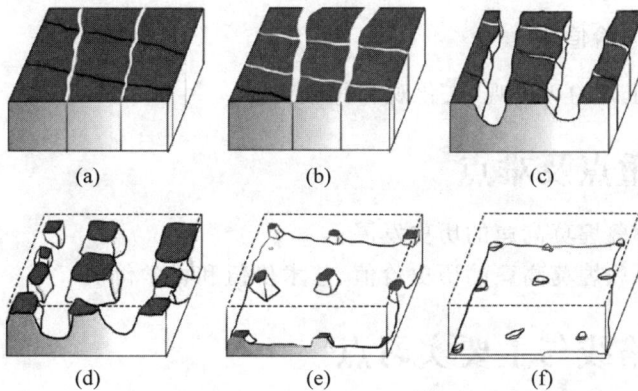

图 8-5　雅丹地貌发育过程

(a)孕育期;(b)幼年期;(c)青年期;(d)壮年期;(e)老年期;(f)消亡期

在雅丹发育的孕育期,地表就是第四系相当平坦的冲洪积平原。在干旱条件下,由于构造作用,地层中形成了垂直节理或裂隙,为雅丹地貌的发育创造条件。

在幼年期,流水沿节理和裂隙侵蚀地表,使这些节理和裂隙加宽、加深,形成较浅的沟槽,雅丹地貌的雏形开始出现。由于侵蚀深度有限,雅丹体一般比较低矮,形态特征单调,公园内幼年期的雅丹地貌较为少见。

到了发育的青年期,由于节理和裂隙继续被侵蚀,雅丹体继续增高。受风力作用和雅丹体表面流水作用的影响,早期形成的长垄状雅丹被改造,表面变得平滑,形成较为大型的雅丹体。

发展到壮年期,垄状的雅丹地貌裂生为小的雅丹体,形成塔状雅丹体,而塔状雅丹体又因岩性组成、节理方向不同而形态各异。该时期雅丹体的轴向逐渐接近主风向,最显著的特征是雅丹体的顶部趋于更圆或更尖,形态更为生动。

老年期雅丹地貌开始走向衰亡。随着风蚀的继续,间歇性流水侵蚀、崩塌和物理风化作用共同导致雅丹体坍塌,高度降低,雅丹体之间的沟槽不断扩大,最终形成宽阔的谷地。

消亡期雅丹体继续变小,在流水作用、风蚀作用、重力崩塌作用等多种因素影响下,雅丹体逐渐消亡,最终被夷为平地后形成新的侵蚀面或戈壁滩。

8.4　敦煌莫高窟实习区

8.4.1　实习目的

1. 知识与技能

（1）了解敦煌莫高窟的历史发展;
（2）了解敦煌莫高窟的历史价值、艺术价值和科学价值;
（3）分析敦煌莫高窟壁画能长期保存的气候因素。

2. 过程与方法

学生实地观察,师生讨论。

3. 情感、态度与价值观

培养学生树立正确的历史观、文化观和民族观。

8.4.2　实习重点及难点

（1）重点:了解敦煌莫高窟的历史发展;
（2）难点:分析敦煌莫高窟的历史价值、艺术价值和科学价值。

8.4.3　实习路线与主要实习点

（1）实习路线:敦煌市—敦煌莫高窟;
（2）主要实习点:敦煌莫高窟。

8.4.4　主要实习内容

（1）了解敦煌莫高窟洞窟及窟顶防沙体系;
（2）了解敦煌莫高窟历史沿革、石窟概况、艺术与历史价值;
（3）了解敦煌莫高窟基质岩体风化特征及保护对策。

8.4.5　实习指导

1. 敦煌莫高窟简述

敦煌位于中国甘肃省西部。汉武帝时期设立河西四郡,即武威、张掖、酒泉、敦煌,其中敦煌位于最西端,是西汉王朝的西部门户,凭借古丝绸之路的繁荣,敦煌成为中西文化交流的重镇。佛教传入中国后,河西各地相继修建了寺院与石窟。敦煌因地接西域,受到佛教的影响极其深厚,自东晋以后佛教发达,高僧辈出,浓厚的佛教氛围造就了敦煌佛教石窟的兴盛。

莫高窟又名千佛洞,坐落在河西走廊西端的敦煌东南,是我国继新疆克孜尔石窟之后在内地修建最早的石窟寺(图 8-6)。它始凿于 4 世纪中叶十六国时期的前秦建元二年(东晋太和元年,公元 366 年),据唐《李克让重修莫高窟佛龛碑》中记载,公元 366 年,乐僔和尚路经一座山时忽然看见金光耀眼,如佛祖显现,于是便在崖壁上开凿了第一个洞窟。此后,法良禅师等又继续在此建洞修禅,称之为"漠高窟",意为"沙漠的高处",后因"漠"与"莫"通用,便称为"莫高窟"。北魏、西魏和北周时,统治者崇信佛教,石窟建造得到王公贵族的支持,发展较快。隋唐时期,随着丝绸之路的繁荣,莫高窟更是兴盛,在武则天时有洞窟千余个。安史之乱后,敦煌先后被吐蕃和归义军占领,但造像活动未受太大影响。北宋、西夏和元代,莫高窟渐趋衰落,仅以重修前朝窟室为主,新建极少。元朝以后,随着丝绸之路的废弃,莫高窟也停止了兴建并逐渐湮没于世人的视野中。直至清乾隆二十五年(公元 1760 年)沙州卫改为敦煌县,敦煌经济逐步开始复苏,莫高窟也重新进入人们的视野。清光绪二十六年(公元1900 年)王圆箓道士在一个不起眼的洞窟中发现了举世闻名的藏经洞(第 17 号窟),里面藏

图 8-6　敦煌莫高窟

有上起十六国下至北宋的各类文献约 6 万卷。不幸的是,藏经洞文物发现不久后,斯坦因、伯希和等人运走大量珍贵文物,致使藏经洞文物惨遭流失,绝大部分散落在国外,分别藏于英、法、日等国。现存洞窟大多数是 5 世纪十六国晚期北凉到 14 世纪元代开凿的,是世界上现存规模最大、内容最丰富的佛教文化艺术地。1961 年,甘肃敦煌莫高窟被中华人民共和国国务院公布为第一批全国重点文物保护单位之一。1987 年,莫高窟被联合国教科文组织列入《世界文化遗产名录》。莫高窟与河南洛阳龙门石窟、山西大同云冈石窟和甘肃天水麦积山石窟并称四大石窟。

莫高窟石窟从功用上来看,主要分为:礼拜窟、禅窟(用于坐禅修行)、僧房窟(用于僧人生活)、瘗窟(用于埋葬死者)、廪窟(用于储存物品)等。南区除了少数的禅窟外,大部分都属于礼拜窟,窟内造出佛像、绘制壁画,供人们观瞻拜佛。另外几类洞窟都集中在北区,大都没有塑像和壁画。用于礼拜的洞窟,北魏时流行中心柱窟,即在石窟中心建有方形的塔柱,是按印度支提窟的理念来建的,但塔的形式改成了中国式的方塔。北朝晚期到隋唐以后,方形覆斗顶形窟开始普及。这类洞窟空间较大,利于大量信众进入观佛和礼拜。此外,还有供奉巨型大佛的大像窟和供奉涅槃佛像的涅槃窟。

塑像是石窟的主体,莫高窟现存各时期彩塑像 3000 余身,700 余个洞窟,在佛教艺术史上具有重要的意义。由于莫高窟开凿在砂砾岩上,雕刻难度较大,壁画就成为表现佛教内容和装饰洞窟的主要手段。莫高窟现存壁画约 4.5 万 m^2,内容十分丰富。

2. 敦煌莫高窟艺术价值

佛教石窟的艺术价值体现在三个方面。其一,石窟本身是一种建筑,石窟采用的形制与传统文化和时代风格有关,因而从石窟的形制上,我们可以看到中国传统建筑艺术对佛教石窟的影响,如北朝的中心柱窟中的人字披顶,北朝到唐代流行的覆斗顶窟等,就是汲取了中国传统建筑中的人字形屋顶、斗帐形式等。佛教石窟本身作为一种建筑形式,其设计、制作与装饰等方面,也丰富了中国建筑史的内容。其二,自魏晋南北朝以来,佛教在中国逐渐流行,经隋、唐、宋、元乃至近代,佛教寺院、石窟的营建不断,其中大量的佛教雕塑艺术已成为中国雕塑史的重要组成部分。敦煌石窟的雕塑多为北朝至唐代的雕塑,各时期不同风格的彩塑艺术,反映了中国雕塑吸收外来文化并形成中国雕塑艺术风格的历程。从材质上看,敦煌彩塑为泥塑加彩绘制成,有别于石雕和木雕的艺术,在雕塑史上独树一帜。其三,在佛教石窟中,壁画与彩塑配合共同构成一个完整的佛教世界。敦煌壁画按主题内容可分为七类,分别为尊像画、佛经故事画、经变画、中国传统神仙、佛教史迹画、供养人画像和装饰图案画。从艺术方面看则涵盖了人物画、山水画、建筑画、装饰画等。敦煌壁画系统地反映了 4～14 世纪佛教绘画的发展演变历程,特别是唐代和唐代以前的绘画作品,这些传世本绘画几乎没有,而内地的寺院及石窟壁画遗存也十分罕见,敦煌壁画便是研究这一阶段中国绘画史的重要依据。如此数量众多、规模宏大、延续时代久远且自成体系的文化遗产,在世界上也是少有的。

3. 敦煌莫高窟历史价值

莫高窟记录了敦煌悠久的历史以及当地有影响力的世族大姓。敦煌石窟有成千上万个供养人画像,其中有 1000 多条还保存题名结衔,使我们能够了解丝路文明的历史发展脉络。敦煌石窟的彩塑和壁画大都反映佛教内容,如彩塑和壁画的尊像,释迦牟尼的本生、因缘、佛传故事画,各类经变画,众多的佛教东传故事、神话人物画等,每一类都有大量丰富、系统的材料。这些彩塑、壁画和材料还涉及印度、西亚、中亚、新疆等地,可有助于了解古代敦煌以及河西走廊的佛教思想、宗派、信仰传播以及佛教与中国传统文化的融合和佛教中国化的过程等。

莫高窟营建的 1000 年历程中,记录了中国历史上东汉以后从长期分裂割据到民族融合、后南北统一,是唐代鼎盛而式微的重要发展时期。在此期间,正是中国艺术的程序、流派、门类、理论的形成与发展时期,也是在佛教与佛教艺术传入后,建立和发展了中国的佛教理论与佛教宗派,佛教美术艺术成为中国美术艺术的重要门类,最终迎来了中国化的时期。从中国绘画美术的门类角度看,敦煌石窟壁画中的人物画、山水画、动物画、装饰图案画都有千年历史、自成体系、数量众多的特点,都可成为独立的人物画史、山水画史、动物画史、装饰图案画史。特别是保存了中国宋代以前丰富的人物画、山水画、动物画、装饰图案的实例,这是世界各国博物馆藏品所未见的。

敦煌壁画中有音乐题材的洞窟 200 余个,绘有众多乐队、乐伎及乐器,敦煌藏经洞文献中也有曲谱和其他音乐资料的记载。丰富的音乐图像数据,展现了近千年连续不断的中国音乐文化发展变化的过程。大多数洞窟的壁画中几乎都有舞蹈形象,堪称舞蹈艺术的博物馆,代表和展示了各时代舞蹈发展的面貌及其发展历程。

敦煌壁画描绘了自十六国至西夏成千上万不同类型的建筑画,有佛寺、城垣、宫殿、阙、草庵、穹庐、帐、帷、客栈、酒店、烽火台、桥梁、监狱、坟茔等,这些建筑有以成院落布局的组群建筑或单体建筑,留下了丰富的建筑部件、装饰(如斗栱、柱枋、门窗)以及建筑施工图等。

敦煌作为中西交通的枢纽,其壁画记录了当时宝贵的交通工具的图像资料,有牛、马、驼、骡、驴、象、舟、船、车、轿、舆、辇等。常用的交通工具车辆类型各异:牛车有通幰牛车、偏幰牛车、敞棚牛车;马车有驷车、骆车,还有骆驼车、童车、独轮车等。特别是保存了中国为世界交通工具做出独有贡献的独轮车、马套挽具(胸戴挽具和肩套挽具)、马镫、马蹄钉掌等珍贵的图像资料。

隋至西夏的尊像画、药师经变中的佛、菩萨、弟子手中及供桌上绘画了玻璃器皿,有碗、杯、钵、瓶、盘等器型。它们呈透明、浅蓝、浅绿、浅棕色,器型、颜色与纹饰表现出西亚萨珊风格或罗马风格,证明这些玻璃器皿是从西亚进口而来的。壁画不仅反映了古代玻璃工艺的特点,还反映了中西的玻璃贸易。

敦煌莫高窟在文化的传播、记录、历史精神的传承、社会凝聚力等方面亦有重要的社会价值。文化自信是一个国家、一个民族对自身文化的充分肯定,一个民族拥有丰厚文化遗产,在一定程度上是国家文化软实力的体现,是民族魅力的象征。莫高窟深厚的文化底蕴是增强民族自信心,增强社会凝聚力和搭建民族归属感的精神桥梁。

8.5　敦煌光热发电站实习区

8.5.1　实习目的

1. 知识与技能

(1) 了解敦煌光热发电站的概况；

(2) 了解敦煌光热发发电的基本原理；

(3) 分析敦煌光热发电站的优势和劣势。

2. 过程与方法

学生实地观察，光热发电站工作人员讲解，师生讨论。

3. 情感、态度与价值观

培养学生树立低碳生活的意识。

8.5.2　实习重点及难点

(1) 重点：了解敦煌光热发电站的原理；

(2) 难点：了解敦煌光热发电站的经济效益和环境效益。

8.5.3　实习路线与主要实习点

(1) 实习路线：敦煌市—敦煌光热发电站；

(2) 主要实习点：敦煌光热发电站。

8.5.4　主要实习内容

(1) 参观敦煌光热发电站；

(2) 了解敦煌光热发电的优缺点。

8.5.5　实习指导

敦煌光热发电站在甘肃省敦煌市向西约 20 km 处，位于敦煌光电产业园区西南片区，被称为"超级镜子发电站"的敦煌 100 MW 熔盐塔式光热发电站在戈壁滩上闪耀。这是我国首个百兆瓦级熔盐储能塔式光热发电站，由北京首航艾启威节能技术股份有限公司自主研发建设，并且拥有完整的自主知识产权，于 2019 年 6 月 17 日顺利实现满负荷发电，使我国成为世界上掌握百兆瓦级光热发电站技术的少数国家之一，并于当年入选第一批"国家太阳能热发电示范项目"，是目前全球聚光规模最大、吸热塔最高、储热罐最大且可 24 h 连续发电的 100 MW 级熔盐塔式光热发电站(图 8-7)。

图 8-7　敦煌光热发电站

在占地 7.8 km² 的发电站厂区内,总反射面积达 140 多万 m² 的 12000 多面定日跟踪反射镜,以同心圆状围绕着 260 m 高的吸热塔,因此这座发电站也被形象地誉为"超级镜子发电站"。白天发电站运行时,吸热塔顶部形成的光点在数十公里外清晰可见,犹如灯塔,已成为敦煌的一个新景观、新标志。实际上,万面定日镜将万束光线反射集中到吸热塔顶部后对熔盐进行集中加热,热熔盐进入蒸汽发生器系统,产生的蒸汽驱动汽轮发电机组发电。部分热量存储在熔盐罐中,既能将不稳定的太阳能转变成稳定的热能,也为日落后满负荷发电蓄积能量,通过聚光吸热和储能换热等环节,昼夜不断地输出电能。

8.6　嘉峪关长城遗址实习区

8.6.1　实习目的

1. 知识与技能

(1) 了解嘉峪关长城遗址历史;

(2) 分析嘉峪关长城在古代的军事意义。

2. 过程与方法

学生实地观察,师生讨论。

3. 情感、态度与价值观

培养学生树立正确的历史观、民族观,增强热爱祖国大美山河的情感。

8.6.2 实习重点及难点

(1) 重点:了解嘉峪关长城遗址的历史;
(2) 难点:分析古代嘉峪关长城的军事作用和历史意义。

8.6.3 实习路线与主要实习点

(1) 实习路线:嘉峪关关城—嘉峪关长城遗址;
(2) 主要实习点:嘉峪关市。

8.6.4 主要实习内容

(1) 参观嘉峪关长城、关城遗址;
(2) 了解嘉峪关遗址历史沿革。

8.6.5 实习指导

1. 历史沿革

嘉峪关市位于河西走廊西端,东临酒泉市,西与玉门市接壤,北侧为金塔县,南接肃南裕固族自治县。地势整体上西南高东北低,自西南祁连山脉向东北方向倾斜,西北部紧靠黑山,海拔约为 2500 m。南部祁连山脉平均海拔为 4000~5500 m。嘉峪关市以南约 10 km 为文殊山,主峰海拔 2205 m。嘉峪关市地貌类型有山地、山前冲积扇、山间盆地、戈壁、荒漠等。

历史上嘉峪关并无郡县治所,现在的嘉峪关市辖区范围皆属于古时酒泉郡、肃州卫等。秦朝以前此地为月氏、乌孙和匈奴等西域民族的聚落,汉武帝收复河西后置酒泉郡,此后两千余年嘉峪关一直为酒泉所辖。新中国成立后,由于镜铁山铁矿的发现和酒泉钢铁公司的成立,于 1965 年划分酒泉及肃南县部分辖区设嘉峪关市。河西走廊自西汉元狩二年(公元前 121 年)皇帝刘彻派霍去病等驱击匈奴大胜后拓为汉地,一直为丝绸之路关隘要道。汉代曾在嘉峪关西北石关峡置玉石障,至唐代连通西域,此地成为关内与西域乃至其他国家贸易的重要中心。明洪武五年(公元 1372 年),宋国公冯胜略定河西,在嘉峪山上修筑土城,始有嘉峪关,文献记载当时土城"周二百二十丈,高二丈有余,阔厚丈余"。弘治八年(公元 1495年),兵备副使李端澄在原土城基础上修筑嘉峪关城楼及箭楼等,并检修内城等设施。嘉靖十八年(公元 1539 年)大明兵部尚书翟銮巡查西北防务,先后加固关城,增修箭楼、墩台及边墙和壕堑,使嘉峪关长城防御体系趋于完整。

2. 嘉峪关长城概况

嘉峪关长城在嘉峪关市西南隅,因建于嘉峪山麓而得名,是明朝万里长城西端的终点。它建于明洪武五年(公元 1372 年),是河西第一隘口,也是丝绸之路上的重要一站。嘉峪关长城主要分为嘉峪关西长城、东长城和北长城三部分。嘉峪关西长城为南北走向,是关城的两翼,通常称作关城的明墙暗壁,在嘉靖十八年至十九年所筑。在关城南侧,紧靠讨赖河北岸 80 m 悬崖之上的边缘有一墩台,称讨赖河墩。从这里开始,长城像一条卧龙伏于戈壁之上,一直延伸到嘉峪塬上与外城相接。这段由黄土夹石夯筑的长城墩台 3 座,四五里左右设 1 墩台,整齐地排列在长城线上,从南向北,巍峨挺拔。

从关城东北角上的"闸门墩"起,沿黑山内侧向北伸展的一段长城叫暗壁,为就地取来片石和黄土分层夯筑而成,坚固美观,很有特色。从新城堡往东到酒泉的下古城界,称作北长城,西到瓜州县境内布隆吉城,东到武威市境内的明长城。东长城的走向是从西长城北部城墙中间的新腰墩起,折而向东北,与北边城墙呈"丁"字形,现在有较完整均匀排列的墩台 9 座,墩台内侧常见烟燧。东长城虽通戈壁,但经 400 余年风蚀仍基本完整。嘉峪关地势天成,攻防兼备,与附近的长城、城台、城壕、烽燧等设施构成了严密的军事防御体系,号称"天下雄关"(图 8-8)。

图 8-8　嘉峪关长城遗址

3. 嘉峪关关城

嘉峪关关城布局合理,关城有三重城郭,多道防线,城内有城,城外有壕,形成重城并守之势。嘉峪关关城由内城、瓮城、罗城、城壕及三座三层三檐歇山顶式高台楼阁建筑和城壕、长城峰台等组成。内城是关城的主体和中心,其周长 640 m,面积 2.5 万 m^2,由黄土夯筑而成,外面包以城砖,坚固雄伟。内城东西二门外,都有瓮城回护,面积各有 500 m^2 左右。瓮城门均向南开,西瓮城西面筑有罗城,罗城城墙正中面西设关门,城垣门额刻"嘉峪关"三字。关城内现有的建筑主要有游击将军府、官井、关帝庙、戏台和文昌阁等古迹。嘉峪关关城依山傍水,扼守南北宽约 15 km 的峡谷地带,该峡谷南部的讨赖河谷构成了关防的天然屏障。

关城四隅有两层角楼，形如碉堡(图 8-9)。

图 8-9 嘉峪关关城

8.7 玉门关遗址实习区

8.7.1 实习目的

1. 知识与技能

(1) 实地参观小方盘城遗址；

(2) 了解玉门关的历史沿革；

(3) 从历史地理角度认识玉门关建立、兴盛、衰败的历程。

2. 过程与方法

学生实地观察，师生讨论。

3. 情感、态度与价值观

培养学生树立正确的历史观、民族观，增强热爱祖国大好河山的情感。

8.7.2 实习重点及难点

(1) 重点：了解玉门关遗址及其发展演变历史；

（2）难点：从历史地理的视角理解玉门关的变迁过程。

8.7.3　实习路线与主要实习点

（1）实习路线：嘉峪关—敦煌市—小方盘城遗址；

（2）主要实习点：玉门关。

8.7.4　主要实习内容

（1）了解玉门关遗址的变迁，参观小方盘城；

（2）了解玉门关遗址历史演变过程。

8.7.5　实习指导

1. 玉门关遗址

（1）玉门关的得名与取义

西汉开辟河西四郡（指武威、张掖、酒泉和敦煌）以后，汉武帝在西北边地设置二关（指玉门关和阳关）。古人敬信天命，故凡有所建置，每先征之卜筮，而《周易》有"乾卦"为"西北之卦"，言其卦象，又有"为玉为金"西北置关，正合"金""玉"冠名，于是取了"金关""玉门"之名；同时符合西汉官方主流儒家"天命"思想；再者春秋以来盛行"星野"分域之说，金、玉二关地处西北，西北星主积金玉。金、玉名关，与古代天文学、"星野"说相合。金关在张掖西北、居延海南，控扼匈奴要路，置关以制匈奴之暴，故名"金关"；玉质温润，则内含仁德，外施润泽，于敦煌西北置关，旨在绥徕结好于西域，以"玉门"名关。"玉门"一词最早的古义为"玉饰之门"，"关"为"境上门"，即"国门"。总之，"玉门关"是取古之成词"玉门"作关名，与张掖肩水都尉的"金关"匹配。此外，也有斯坦因等所谓"因西域输入玉石取道于此而得名"一说。

（2）玉门关变迁

玉门关是汉唐时期中原通往西域的重要关口，也曾是近千年时间里安定西北边疆地区的战略要地。玉门关在西汉元鼎二年（公元前 115 年）前后建关，即今甘肃嘉峪关市城区西北约 10 km 处的石关峡。随着西汉对西域的经营，汉长城继续由酒泉西延敦煌，敦煌的地理位置越来越重要，汉塞由敦煌修建至盐泽，玉门关西迁敦煌西北一带。对敦煌西北玉门关的关址，历来史料记载不尽一致。学者对具体位置有不同考证，但均认为汉玉门关位于今敦煌西北。公元 51 年，东汉"光武中兴，厌苦兵戈，闭玉门关，专务休息。至明帝时，取伊吾，屯东师，置都护"，开辟了西域北道。东汉永平十七年（公元 74 年），玉门关迁移至今瓜州县双塔堡附近，但敦煌西北的玉门关仍在使用，史籍上名为"故玉门关"。东汉中期至隋唐时玉门关即瓜州以东 53 km 双塔堡附近，1958 年建成双塔水库后古关遗址被淹。五代宋初进一步东移，重新回到嘉峪关西北石关峡。玉门关在丝绸之路发展史上留下辉煌的一页。

玉门关遗址和汉玉门关遗址是两个不同的遗址。玉门关遗址位于甘肃省玉门市西南的玉门关城址，是丝绸之路上重要的关隘之一。汉玉门关遗址位于甘肃省敦煌市以西约 30 km 处，距玉门市 80 多 km 处的一个古军事要塞遗址。汉玉门关是西汉时期中国设立在丝绸之路上的一个重要关隘，遗址保存了当时的关城遗迹和部分墙垣，是研究古代丝绸之路贸易和军事防御的重要遗址之一。

2. 小方盘城遗址

小方盘城遗址是汉玉门关遗址(图 8-10)所在地,为一座四方形小城堡,遗址耸立在东西走向戈壁滩狭长地带中的砂石岗上,南边有盐碱沼泽地,北侧为哈拉湖,再往北是长城,长城以北是疏勒河故道。遗址全部用黄土夯筑而成,面积约 630 m^2。西、北两面各开一门,城垣东西长 24.5 m,南北宽 26.4 m,残垣高 9.7 m,上宽 3.7 m,下宽 4 m,南北墙基宽 4.9 m。在遗址四周,有一条宽 1.3 m 的走道。小方盘城内东南角有一条宽不足 1 m 的马道,靠东墙向南转上可直达城顶部。

图 8-10 汉玉门关遗址

8.8 阳关遗址实习区

8.8.1 实习目的

1. 知识与技能

(1) 参观阳关遗址;

(2) 了解阳关的历史沿革;

(3) 从历史地理角度认识阳关建立、兴盛、衰败的历程。

2. 过程与方法

学生实地观察,师生讨论。

3. 情感、态度与价值观

培养学生树立正确的历史观、民族观，增强热爱祖国大好河山的情感。

8.8.2　实习重点及难点

（1）重点：了解阳关遗址的发展演变历史；
（2）难点：分析人类活动与地理环境间的关系。

8.8.3　实习路线与主要实习点

（1）实习路线：敦煌市—阳关遗址；
（2）主要实习点：阳关遗址。

8.8.4　主要实习内容

（1）参观阳关遗址；
（2）了解阳关遗址历史演变过程。

8.8.5　实习指导

阳关遗址（图 8-11）位于河西走廊西端敦煌市阳关镇南工村西 1 km 处，即古董滩附近，为军事设施遗址。阳关在玉门关之南，是历史时期中西交通大动脉——古丝绸之路的南大门，在中西交通史上具有重要的战略位置。它是一处类型多样、内容丰富的历史文化遗存的组合体，包括古代关隘、邮驿交通、长城烽燧、边郡都尉治所、居民点及墓葬等遗址。

图 8-11　阳关遗址

西汉汉武帝开辟河西之后,在敦煌郡龙勒县(今敦煌市西南南湖一带)置阳关关隘。由于特殊的地理位置和环境,它与玉门关互成掎角之势,南北策应,共同构成历史时期河西走廊西端通往西域的重要门户。自两汉经魏晋至隋,唐著名的古丝绸之路到敦煌出西域分为两道,自玉门关出是为北道,自阳关出是为南道。如今的阳关故城已不为人所见,唯有周围的 12 座烽燧依然存在,位于古董滩北的烽燧位置最高、保存较完整,因位于墩墩山顶被称为墩墩山烽燧。

"阳关"一词最早出自文献《左传》,对于敦煌阳关名称的由来有三种观点。《沙州地志》和《元和郡县志》均记载为其在玉门关之南,故曰"阳关"。张仲提出了不同的看法,认为其因在龙头山之南,故名阳关。其缘由出自中国古代地名命名遵循一般原则即山南为阳,阳关因处于黄水坝水库之北,墩墩山之南麓而号。史学家和考古学者也通过实地考察,结合史料和考古证实,西汉初设玉门关在今嘉峪关市区西北约 10 km 处的石关峡(史学界基本认同)。阳关的设置时间历代均无明确记载,至今考辨阳关的文章为数不少,除李并成先生在其专著明确提出确切年代为元封四年(公元前 107 年),其余皆取大概汉武帝时期,也有学者考证最早为周振鹤先生提出的设于元狩二年(公元前 121 年),最迟应在汉代李广利于敦煌再次伐宛之时,是年为太初二年或三年(公元前 103 年或公元前 102 年)。阳关至唐后期已经废弃,原因大概是唐宋时期海上丝绸之路兴起,传统陆上丝绸之路已经不再是唯一东西方通道,加之唐后期吐蕃兴起,并占据河西走廊,这条商道被阻断,阳关最终被废弃。但阳关在历史时期守边戍疆,在沟通中西政治、经济、文化等方面所起的作用永载史册。

8.9　中国科学院敦煌戈壁荒漠生态与环境研究站实习基地

8.9.1　实习目的

1. 知识与技能

(1) 了解中国科学院敦煌戈壁荒漠生态与环境研究站观测系统及观测要素;
(2) 了解风沙灾害防治技术。

2. 过程与方法

学生实地观察,观测站工作人员讲解,学生操作仪器,师生讨论。

3. 情感、态度与价值观

(1) 学习野外站科研人员不怕艰苦和无私奉献的科研精神;
(2) 培养学生严谨踏实、求真务实的科学态度。

8.9.2　实习重点及难点

(1) 重点:中国科学院敦煌戈壁荒漠生态与环境研究站观测系统及观测要素;
(2) 难点:风沙灾害主要防治技术。

8.9.3 实习路线与主要实习点

(1) 实习路线：酒泉市—中国科学院敦煌戈壁荒漠生态与环境研究站；

(2) 主要实习点：中国科学院敦煌戈壁荒漠生态与环境研究站。

8.9.4 主要实习内容

(1) 参观中国科学院敦煌戈壁荒漠生态与环境研究站；

(2) 参观中国科学院敦煌戈壁荒漠生态与环境研究站成果展示大厅；

(3) 参观中国科学院敦煌戈壁荒漠生态与环境研究站野外观测系统。

8.9.5 实习指导

中国科学院敦煌戈壁荒漠生态与环境研究站是中国科学院西北生态环境研究院与敦煌市科技局共建的野外研究站，位于甘肃省敦煌市西部。建立本站的目的在于弥补我国在极端干旱荒漠区风沙综合研究站的空白，为荒漠生态环境研究提供平台，完善荒漠生态环境的研究系统。该站主要针对极端干旱区地表形成过程、风沙灾害、极端干旱区生态环境退化、风沙防治对策与技术等方面开展研究。本区域具有莫高窟、鸣沙山、月牙泉、雅丹地貌等世界著名的自然和人文遗产，但是区域生态环境日趋恶化。戈壁、风蚀雅丹、沙漠呈规律性分布，是研究干旱荒漠区风沙尘吹蚀、搬运、堆积过程的天然实验室。在此进行文化遗产保护、环境整治及风沙、风尘的产生、输送及其环境效应的研究，不仅具有重要的理论价值，还具有重要的实践意义（图8-12）。

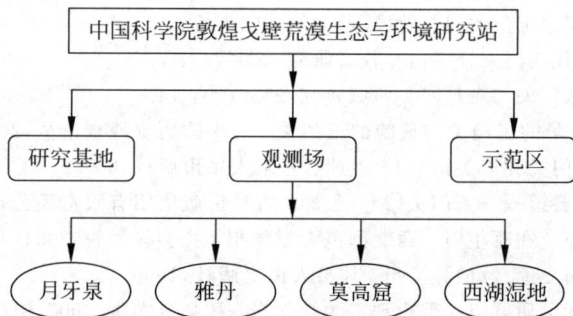

图 8-12 中国科学院敦煌戈壁荒漠生态与环境研究站

参考文献

[1] 张克存,牛清河,屈建军,等.敦煌鸣沙山月牙泉景区风沙环境分析[J].中国沙漠,2012,32(4): 896-900.

[2] 禾源.鸣沙山与月牙泉[M].长春:吉林人民出版社,2014.

[3] 董霁红,卞正富.敦煌市鸣沙山月牙泉自然遗产保全的研究[J].自然资源学报,2004,19(5): 561-567.

[4]　袁海峰.敦煌西湖国家级自然保护区[J].湿地科学与管理,2020,16(4):74.

[5]　杜青松,柴玲,范淑花,等.敦煌雅丹国家地质公园地质资源调查及地学意义[J].中国沙漠,2016,36(3):610-615.

[6]　董雪,李永华,辛智鸣,等.敦煌西湖荒漠-湿地生态系统优势物种生态位研究[J].生态学报,2020,40(19):6841-6849.

[7]　屈建军,牛清河,高德祥.敦煌雅丹地貌形成发育过程图谱[M].北京:地质出版社,2014.

[8]　董瑞杰,董治宝,吴晋峰,等.罗布泊雅丹地貌旅游资源评价与开发研究[J].中国沙漠,2013,33(4):1235-1243.

[9]　牛清河,屈建军,李孝泽,等.雅丹地貌研究评述与展望[J].地球科学进展,2011,26(5):516-527.

[10]　郑本兴,张林源,胡孝宏.玉门关西雅丹地貌的分布和特征及形成时代问题[J].中国沙漠,2002(1):40-46.

[11]　郑炳林,樊锦诗,梁晓鹏.敦煌学研究文库:敦煌莫高窟千佛图像研究[M].北京:民族出版社,2006.

[12]　赵声良.敦煌石窟艺术简史[M].北京:中国青年出版社,2015.

[13]　侯丕勋,刘再聪.西北边疆历史地理概论[M].兰州:甘肃人民出版社,2008.

[14]　柴剑虹.丝绸之路与敦煌学[M].杭州:浙江大学出版社,2016.

[15]　史苇湘.敦煌历史与莫高窟艺术研究[M].兰州:甘肃教育出版社,2002.

[16]　杨艳敏.亚洲首座全天候熔盐塔式光热电站敦煌并网发电[J].节能与环保,2017(1):2.

[17]　辛培裕.太阳能发电技术的综合评价及应用前景研究[D].北京:华北电力大学,2015.

[18]　国际能源网.百兆瓦级熔盐塔式光热电站在敦煌建成[J].电力安全技术,2019,20(1):1.

[19]　侯丕勋,刘再聪.西北边疆历史地理概论[M].兰州:甘肃人民出版社,2008.

[20]　嘉峪关长城博物馆.嘉峪关长城博物馆[M].兰州:敦煌文艺出版社,2008.

[21]　张晓东.嘉峪关城防研究[M].兰州:甘肃文化出版社,2013.

[22]　杨生宝.嘉峪关志[M].兰州:甘肃人民出版社,2011.

[23]　李正宇.新玉门关考[J].敦煌研究,2011(18):106-114.

[24]　李正宇.双塔堡决非唐玉门关[J].敦煌研究,2010(4):6.

[25]　李岩云,傅立诚.汉代玉门关址考[J].敦煌研究,2006(4):7.

[26]　王蕾.汉唐时期的玉门关与东迁[J].西域研究,2020(2):14.

[27]　李并成.石关峡:最早的玉门关与最晚的玉门关[J].中国历史地理论丛,2005,20(2):6.

[28]　潘发俊,潘竟虎.玉门关和玉关道[M].兰州:甘肃人民出版社,2009.

[29]　郑明武,李妮.丝路要道——玉门关[M].长春:吉林出版集团有限责任公司,2013.

[30]　李并成.唐玉门关究竟在哪里[J].西北师范大学学报:社会科学版,2001(4):20-25.

[31]　李并成.河西走廊历史地理[M].兰州:甘肃人民出版社,1995.

[32]　闫婷婷.阳关相关问题质疑[J].重庆理工大学学报:社会科学版,2007,21(4):93-96.

[33]　郑明武,李妮.西域要冲——阳关[M].长春:吉林出版集团有限责任公司,2013.

第4篇

实习信息化

第9章

实习管理软件及客户端操作

9.1 实习信息化概述

9.1.1 实习信息化研究背景

地理信息技术与教学平台的融合是电子信息技术在地理学领域的一种新的应用形式。为进一步提升教育信息化和现代化水平,我国教育管理部门强调加快"互联网＋教育"的建设步伐,全面推进大数据、人工智能和虚拟现实等技术的应用,构建人才培养新模式,发展互联网教育服务新模式。全面推进信息技术与高等教育实验教学的深度融合,不断加强高等教育实验教学优质资源平台的建设与应用。

地理野外综合实习是地理教学过程的重要环节,学生通过野外实践,全面、充分地掌握地理学基本理论和技能,达到开展野外调查和分析的要求。传统的野外实习基本是以教师为主导开展野外实习,学生只是被动地接受知识,缺乏主动探索的积极性。在实习条件上,由于时间和经费等问题,实习时间受到了压缩,影响了野外实习作用的有效发挥,所以当下迫切需要新的技术和方法来保障和提升实习效果,充分利用和发挥现代信息技术发展优势,辅助地理学科的研究与发展。因此,设计开发一个地理野外实习平台成为重要的切入点,有利于国内外开展相关的地理学科信息化辅助研究工作。

9.1.2 实习信息化意义

随着科技的快速发展,电子信息技术在地理学领域的应用不断普及,野外实习信息化可为参与自然地理野外综合实习的师生提供便利。平台包括自动讲解、知识拓展等模块,让学生爱上地理野外实习,收获更多知识,从而有效提升野外地理实习的效率和质量。

利用 GIS 技术、地图 API 技术,将计算机技术与地理知识相融合,开发探究式地理学野外实习的平台系统,是贯彻以学生为本、发挥学生能动性、提高实习质量的有力途径。平台系统的自主实习功能是对传统教师带队实习模式的补充,有益于提高学生动手实践能力和培养创新素质。

野外综合实习是一个知识碰撞、探索发现的过程,在此过程中师生需要一个交流分享的平台。实习信息化可以解决传统野外综合实习中存在的问题,以信息技术为支撑,改变其原有野外教学形式,促进学生与教师、学生与学生之间的交流,真正发挥学生在实习中的主导作用。

9.2 通用管理软件

9.2.1 吉印足迹

1. 内容介绍

吉印足迹是一款照片信息应用系统,该系统分为手机采集端(App)和桌面应用端两种。手机采集端通过拍摄照片并嵌入版权、时空等信息;桌面应用端可批量检测和提取照片信息,并可将照片进行地图显示和分类筛选,用于数据挖掘、统计分析等。该系统的应用为地理信息行业提供了全新的地理信息采集方式,并且能够与地图关联、显示、分析和应用,该系统可广泛用于户外旅行、野外实习、野外考察、证据留存、位置分享、足迹显示等方面。图 9-1 为其 App 主界面。

图 9-1 吉印足迹 App 主界面

2. 功能介绍

版权设置:将拍摄与信息采集合二为一,更好保护用户版权。将照片的信息记录并隐藏在照片中,留作纪念,不会丢失,并能与地图关联显示、分析和应用。

拍照与嵌入:可直接拍摄照片嵌入版权、时空等信息,拍照的同时隐藏信息,照片经过处理后,信息依然存在。

分享与保存:可以将图片和足迹保存并分享给好友,将信息分享,并可将照片及显示的信息保存在本地图库。户外旅行拍摄照片,分享到微信、微博、QQ,照片中自带时间及地理位置信息。

批量检测与提取:可批量检测和提取照片信息,方便用户记录,提取信息。

地图显示:主界面支持地图数据可视化展示,照片缩小显示在地图中相应地址上,点击照片可查看详细信息。

统计分析:该应用为地理信息行业提供了全新的采集方式,并能与地图关联、显示、分析和应用。发生意外事故或纠纷时,现场拍摄带有时间、地理信息的照片,可作为有力的证据。

3. 流程介绍

针对系统在实习中不同模块的功能,建立如图 9-2 操作流程,让用户使用起来更加方便。

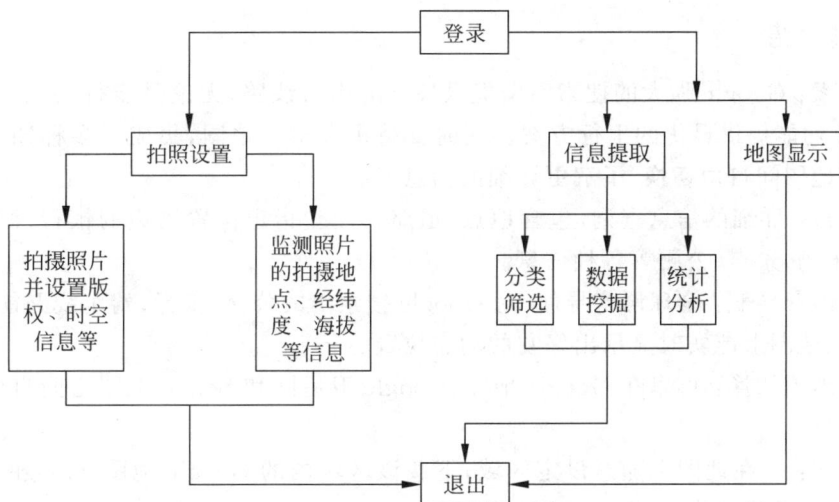

图 9-2　吉印足迹 App 使用流程

9.2.2　奥维互动地图

1. 内容介绍

奥维互动地图（Oruxmaps 软件）是一款广泛用于户外旅行的地图导航软件,近年来,Oruxmaps 软件在与野外作业密切相关的行业中得到广泛应用。该软件具有强大的导航和定位功能,可支持离线地图和在线地图两种模式(图 9-3)。

图 9-3　奥维互动地图界面

奥维互动地图集 Google 地图、卫星图、地形图、Bing 卫星图、等高线地图、三维地图、百度地图、搜狗地图、全球地图离线下载、全球语音导航、好友位置分享、记录轨迹、实时路况、指南针等功能于一体,是驴友穿越、出国旅游的必备工具。奥维互动地图浏览器是基于 Google API、Baidu API、Sogou API 的跨平台地图浏览器。

2. 功能介绍

线路搜索：Google 强大的搜索引擎提供最佳的出行线路，无论是步行、公交还是自驾，Google API 均能提供最优的出行方案。同时支持多种知名地图，集成了多种知名地图，用户可在这些地图间自由切换，了解更详细的信息。

信息检索：详细的信息查询，包含地点、道路、公交、指定位置周边的银行、酒店、超市、加油站、停车场、景点、公厕等各种信息。

交互式语音导航：全球语音导航，对 Google 搜索出的公交、步行、驾车线路能进行语音导航，同时在地图上能实时显示出好友的动态位置。

多种类地图切换：可以在 Google 地图、Google 卫星图和 Sogou 地图之间自由切换，了解详细的信息。

离线地图：可在地图上随意设定区域，下载该区域内的 Google 地图、Google 卫星图或 Sogou 地图，这将节省 95 % 以上的流量。

地图规划：在地图上画点、画线、画多边形、画圆、画标记等，奥维地图可提供规划设计常用的元素，可直接在地图上做各种规划设计。

奥维对象绘制：绘制对象包括标签、轨迹、线段、图形等，为用户提供规划设计常用元素，可直接在地图上完成各种规划设计。用户可选择实时影音及图像生成标签对象，方便记录。亦可进行对象数据转换，如标签生成轨迹、图片生成标签、图形生成标签等。

高程数据服务：在看卫星图时直观了解海拔信息；真正的三维地图，与谷歌地球类似，结合卫星图与高程数据，再现全球真实地形。支持 SRTM3、ASTER-GDEM2 全球高程数据，支持导入的高程文件格式包括 TIFF、ASC、ZIP、OVTMP、SDB。导入高程数据后，在地图上展现等高线，直观了解海拔信息。

跨平台支持：全面支持微软、苹果、安卓等主流平台，而且适配统信 UOS、深度科技 Deepin、银河麒麟等国产主流操作系统。

多种数据格式：不仅支持 shp、ovkml、txt、csv、dxf 等分布的数据格式；也支持 3ds、obj、dae、skp、slpk、osgb、3dtiles 等流行的三维数据格式；还支持 ovobj、ovkml、ovkmz 等奥维专属文件格式。

可扩展性：满足用户需求不断发展变化的要求，支持插件，软件功能高度可扩展。现已有 OmapRevit、OmapCAD、OmapArcMap 等多款实用的奥维插件，实现与 Autodesk Revit、CAD、ArcGIS、SketchUp 等软件的数据交互。

数据分享与保护：支持电脑端与移动端进行数据交互。可通过多种方式实现数据同步与分享，包括好友间发送消息、点对点同步分享及传输等。数据存储在设备本地，用户可进行收藏夹数据备份与恢复，防止丢失。

地图浏览：集成四维地球电子地图、卫星图、卫星混合图和中国资源卫星日新图等在线地图；也支持添加自定义地图（如航拍图）；亦提供长时间序列的高精度、高质量的历史影像服务。任意切换 2D 或 3D 模式浏览地图，轻松获取地理信息。离线浏览所下载地图区域，也可进行地图导入及导出。

多种坐标系：支持 CGCS2000、西安 80、北京 54、UTM 等投影坐标系，不同坐标系之间可进行一键转换。坐标文件可批量导入导出，便捷高效。

位置与轨迹：即时定位标签，进行所在定位周边搜索，快速获取地理信息。通过好友位置分享，可进行点对点实时追踪及位置跟随，防止走丢。记录历史轨迹，自行规划野外线路。支持文本、语音、文件等即时通信功能。可以在某一时刻将位置分享给指定好友，让他们直观地了解您在地图上的位置，记录分享轨迹。

对象属性管理：用户可依据对象变化对属性进行即时修改，亦能添加文字、HTML 备注、图像附件。绘制对象可用于标识地物、记录线路、测量长度及面积等。允许对象批量命名、修改、转换，简化数据处理工作流程。

工程数据测量：支持创建圆、椭圆、矩形、多边形等多种图形对象，并可对图形与轨迹进行组合与分解；亦可进行图形几何拓扑运算，包括合并、交集、差、异或四种运算方式；支持进行三维标高绘制，还可一键查看轨迹剖面图及多边形区域的挖填量及面积。

无缝对接 CAD：智能导入 DXF 文件，CAD 图纸完全融入地理实景中，设计效果便可一览无遗。利用奥维互动地图中丰富的 CAD 绘图工具，可直接进行简易的设计修改。也能将奥维对象转换为 CAD 底图与矢量对象，在 CAD 中做进一步的精细设计。

BIM 模型加载与编辑：支持加载大型和超大型倾斜摄影、BIM 模型数据，支持构建城市级、部件级实景三维，同时支持对三维模型数据进行树形拓扑管理。导入奥维中的模型构件属性可进行查看与编辑，亦能添加备注及附件。

外业调查与图上规划：提供规划设计的常用工具，可以在地图上直接编辑点、线、图形，可额外添加图表、照片、视频等信息，方便外业调查与数据采集。

企业服务器部署：企业应用由服务端、管理控制台、后台数据库、奥维客户端等组件构成。支持企业端数据统一管理、权限控制、操作审计、远程指挥、多人协作，可在内网和专网部署。

3. 流程介绍

针对系统在实习中不同模块的功能，建立如图 9-4 所示使用流程。

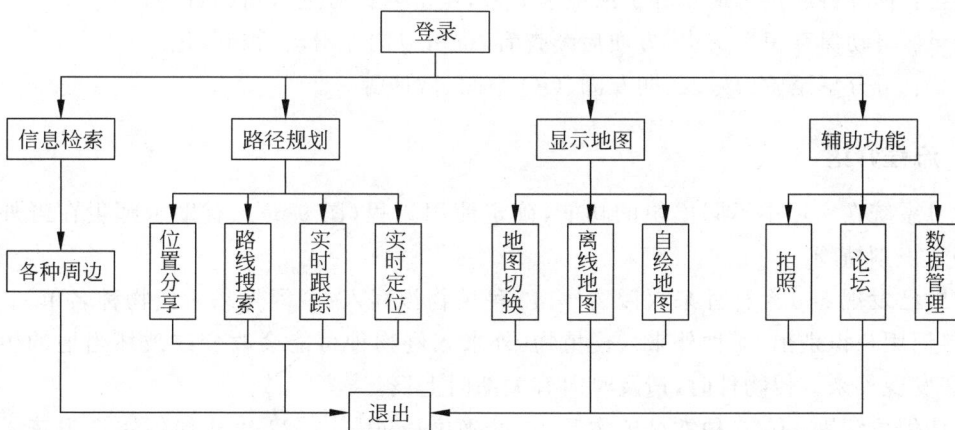

图 9-4 奥维互动地图 App 使用流程

9.2.3 花伴侣

1. 内容介绍

花草树木，一拍呈名。只需要拍摄植物的花、果、叶等特征部位，即可快速识别植物。花伴侣能识别中国野生及栽培植物3000属，近5000种，几乎涵盖身边所有常见的花草树木。此软件以中国植物图像库海量植物分类图片为基础，由中国科学院植物研究所联合鲁朗软件并基于深度学习开发的植物识别应用。此应用软件尤其适合园艺工作者、植物爱好者、大中小学生及家长，在街头、公园或者郊外游览时使用，只需一拍照片就可以识别植物，让用户在亲近大自然的同时，也能了解身边的植物（图9-5）。

记录：自动保存识别历史，方便后续查看，也可以向左滑动后删除记录。

分享：微信好友、朋友圈、QQ、QQ空间、微博等。

图 9-5　花伴侣 App 界面

2. 功能介绍

识别：只需拍照、选取照片或者从相册分享到花伴侣，即可快速识别；
分类：物种科属按照最新分子系统学成果，点击名称可进入植物百科；
记录：自动保存识别历史，方便后续查看，也可以向左滑动后删除记录；
分享：可分享至微信好友、朋友圈、QQ空间、微博等。

3. 流程介绍

针对系统在实习中不同模块的功能，确定使用流程（图9-6）。有助于师生在野外实习中更好地识别植物。

中国已发现660余种外来入侵物种，40种植物被列入《中国外来入侵物种名单》。2023年，花伴侣用户识别出24种外来入侵植物，外来入侵物种可能会改变或破坏当地的生态环境，当您发现外来入侵物种时，请及时向有关部门上报。

花伴侣可识别11000种常见植物花卉，准确度＞90％，2023年花伴侣用户识花1亿多次，遍及120多个国家和地区，覆盖全国34个省级行政区。在2023年，在花伴侣中的花记社区，花伴侣累计31万多精美花记。同时，花伴侣在每年会有针对用户个人的年度报告。总结常见的植物与爱花城市，通过使用花伴侣拍照识花的用户数对大学、景区、植物园进行

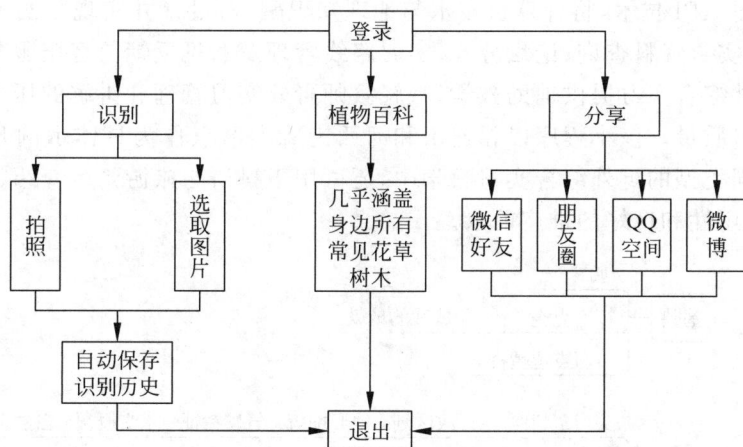

图 9-6　花伴侣 App 使用流程

排名(表 9-1)。

表 9-1　识花热区

排　名	1	2	3	4	5	6	7	8	9	10
大学榜	北京大学	清华大学	福建农林大学	华南农业大学	山西农业大学	北京林业大学	浙江大学	武汉大学	广西大学	沈阳农业大学
景区榜	杭州西湖风景区	北京奥林匹克公园	钟山国家重点风景名胜区	北京玉渊潭公园	蜀冈瘦西湖风景名胜区	南京玄武湖公园	东湖生态旅游风景区	北京颐和园	北京世界花卉大观园	庐山国家重点风景名胜区
植物园榜	国家植物园	黑龙江省森林植物园	惠州市植物园	华南植物园	中国科学院西双版纳热带植物园	上海植物园	昆明植物园	上海辰山植物园	厦门园林植物园	深圳仙湖植物园

9.3　专用管理软件

9.3.1　专用管理软件功能

野外综合实习是地理科学专业教学不可或缺的环节,是理论教学的延续,也是集知识、素质和能力于一体的创新型人才培养的重要实践性教学环节。有公司从地理学野外实习教学的特点和需求出发,设计开发了基于微信小程序的地理野外综合实习软件(图 9-7)。该小程序采用地图 API 技术,将计算机技术与地理知识融合,设计并实现了实习地打卡点亮、学堂自动讲解、实习资料查询、论坛分享、实习路线管理及意见反馈与客服服务等功能,小程序可为地理野外综合实习提供辅助教学,减轻教师野外实习管理和讲解的压力,有效提高学生野外综合实习质量。该小程序以祁连山和河西走廊实习点作为具体示例开发,也可用于不同地区和不同类型的野外综合实习教学中,还可用于科研与旅游景区介绍、路线指引等领域,具有广泛实用性和良好的推广前景。

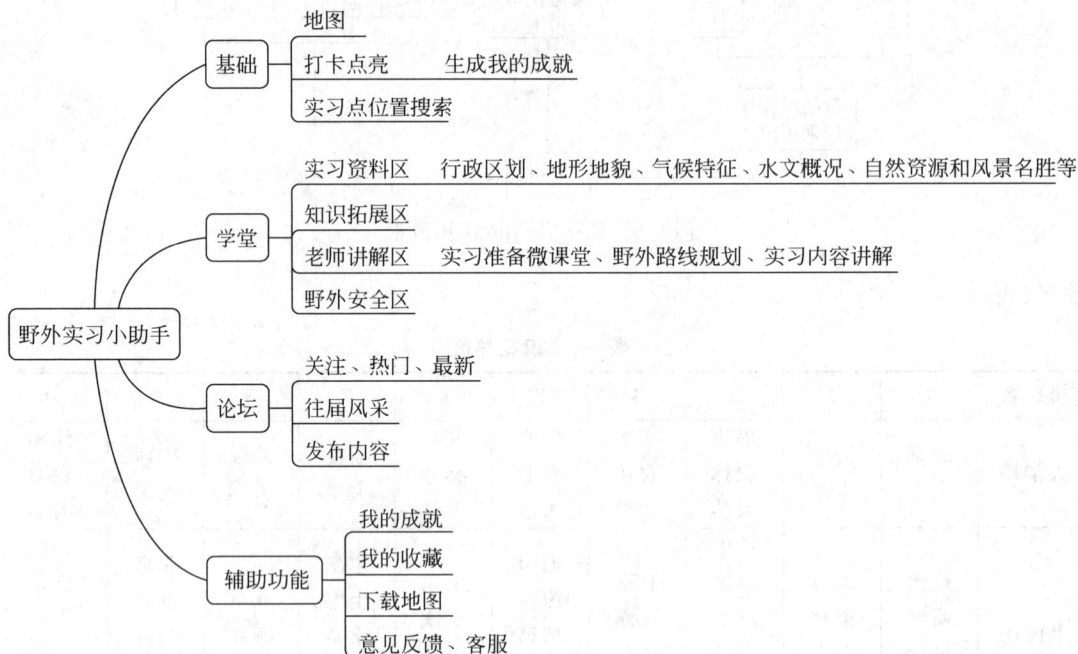

图 9-7　小程序功能

系统主要分为基础功能、学堂功能、论坛工具、辅助功能四个功能模块。具体有主页打卡、地图显示、论坛分享、自动讲解、安全管理等,系统用户分为老师、用户和管理员 3 种(图 9-8)。

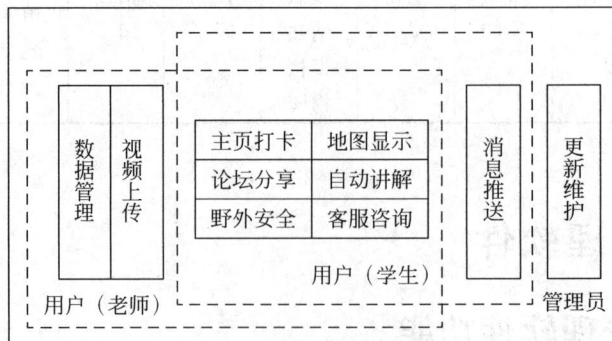

图 9-8　服务小程序框架

1. 基础功能

地图显示：主界面显示地图，可以通过页面操作实现地图放大、缩小等基本功能。

定位导航：可以在搜索框里直接搜索实习点获取到关于实习点和实习路线的详细信息。

2. 学堂功能

学堂按分区设计框架，包括实习资料区、老师讲解区、知识拓展区和野外安全区等，帮助同学们更好地做好实习前的准备，实习过程中也可以随时学习和查看（图 9-9）。

图 9-9　服务小程序界面

（1）实习资料区

实习点的详细检索，让学生了解祁连山和河西走廊地区的行政区划、地形地貌、气候特征、水文概况、自然资源和风景名胜等，还能够通过语音识别将音频变为文本内容，提供自动讲解功能。

（2）老师讲解区

讲解区设有实习准备微课堂、野外路线规划、实习内容讲解等内容版块，可以提前下载观看视频或收听音频来了解相关知识点。

（3）知识拓展区

为师生推送一些与地理相关的常识与知识，如野外需要识别的主要植物、祁连山的重要性、丹霞地貌的形成与演化等实习知识。

（4）野外安全区

对所有实习师生进行准确定位，通过定位推送相应的安全小贴士，提醒师生在特定实习区或路段需注意的安全问题，对于脱离指定实习区的车辆和个人进行安全警示。

3. 论坛功能

论坛包括一些热门的野外综合实习话题,可以在这里进行交流与沟通,并分享知识和野外经验,也可以交流软件的使用问题,还可以选择关注有兴趣的帖子。自己也可以发表相关内容,其中设立的风采区是往届实习过程的展示,供大家随时查看,以论坛为纽带,面向全国所有高校,促进野外知识的共享(图 9-10)。

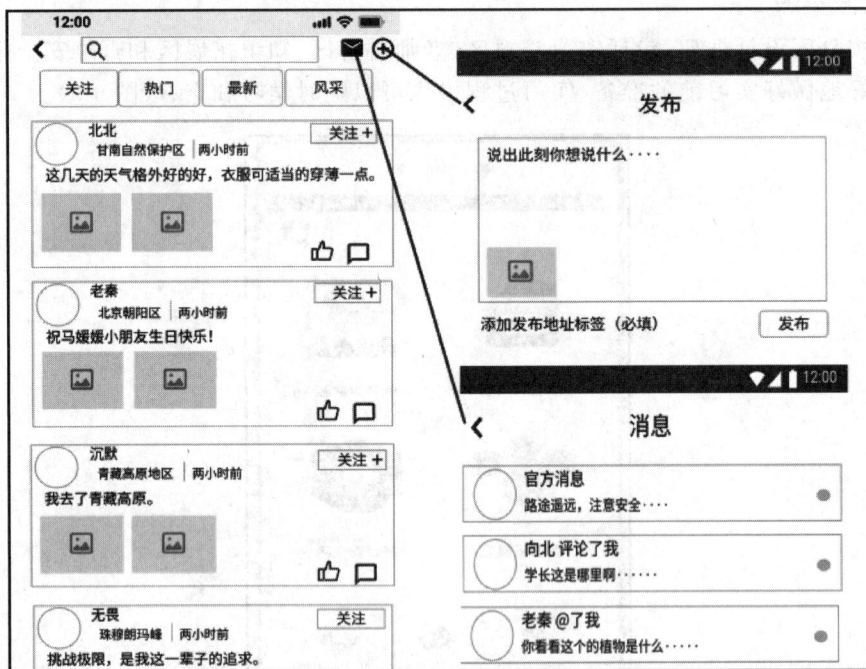

图 9-10　小程序论坛界面

4. 辅助功能

辅助功能包括我的成就、我的收藏、下载地图、意见反馈、客服等。

参考文献

[1]　朱长青,许德合,任娜,等.地理空间数据数字水印理论与方法[M].北京:科学出版社,2014.

[2]　贾佳佳,朱国锋,赵腾龙,等.地理野外综合实习自动讲解系统 V1.0:2021SR0915340[P].2021-06-18.

[3]　朱国锋,贾佳佳,赵腾龙,等.基于 GIS 的地理野外实习路线记录系统 V1.0:2021SR0915332[P].2021-06-18.